國防部
參謀會報紀錄
（1947）

General Staff Meeting Minutes,
Ministry of National Defense, 1947

陳佑慎　主編

導讀

陳佑慎 國家軍事博物館籌備處史政員
國防大學通識教育中心兼任教師

一、前言

1946 至 1949 年間，中國大陸 900 餘萬平方公里土地之上，戰雲籠罩，兵禍連結，赤焰蔓延，4 百餘萬（高峰時期數字）國軍部隊正在為中華民國政府的存續而戰。期間，調度政府預算十分之七以上，指揮大軍的總樞——中華民國國防部，以 3 千餘名軍官佐的人員規模（不含兵士及其他勤務人員），辦公廳舍座落於面積 2.3 公頃的南京原中央陸軍軍官學校建築群。[1] 這一小片土地上的人與事，雖不能代表全國數萬萬同胞的苦難命運，卻足以作為後世研究者全局俯瞰動盪歲月的切入視角。

如果研究者想以「週」作為時間尺度，一窺國防部 3 千餘軍官佐的人與事，那麼，本次出版的國防部「部務會報」、「參謀會報」、「作戰會報」紀錄無疑是十分有用的史料。國防部是一個組織複雜的機構，當時剛剛仿效美軍的指揮參謀模式，成立了第一廳（人事）、第二廳（情報）、第三廳（作戰）、第四廳（後勤）、

1 關於國防部成立初期的歷史圖景，參閱拙著《國防部：籌建與早期運作（1946-1950）》（臺北：民國歷史文化學社，2019）相關內容。

第五廳（編訓）、第六廳（研究與發展）等所謂「一般參謀」（general staff）單位，以及新聞局、民事局（二者後併為政工局）、監察局、兵役局、保安局、測量局、史政局等所謂「特業參謀」（special staff）單位。上述各廳各局的參謀軍官群體，平時為了研擬行動方案，討論行動方案實施辦法，頻繁召開例行性的會議。本系列收錄的內容，就是他們留下的會議紀錄。

國防部也是行政院新成立的機關，接收了抗日戰爭時期國民政府軍事委員會、行政院軍政部的業務。過去，民國歷史文化學社曾經整理出版《抗戰勝利後軍事委員會聯合業務會議會報紀錄》、《軍政部部務會報紀錄（1945-1946）》等資料。它們連同本次出版的國防部部務會報、參謀會報、作戰會報，都是國軍參謀軍官群體研擬行動方案、討論行動方案實施辦法所留下的足跡，反映抗日戰爭、國共戰爭不同階段的時空背景。讀者如有興趣，可以細細體會它們的機構性質，以及面臨的時代課題之異同。

國防部的運作，在 1949 年產生了劇烈的變化。1948 年 12 月起，由於國軍對共作戰已陷嚴重不利態勢，國防部開始著手機構本身的「轉進」。這個轉進過程，途經廣州、重慶、成都，最終於 1949 年 12 月底落腳臺灣臺北；代價是過程中國防部已無法正常辦公，人員絕大多數散失，設備僅只電台、機密電本、檔案等重要公物尚能勉強運出。也因此，本系列收錄的內容，多數集中在 1948 年底以前。至於機構近乎完全解體、百廢待舉的國防部，如何在 1950 年的臺灣成功東山再起？那又是另一段波濤起伏的故事了。

二、國防部會報機制的形成過程

在介紹國防部部務會報、參謀會報、作戰會報的內容以前，應該先回顧這些會報的形成經過，乃至於國軍採行這種模式的源由。原來，經過長時間的發展，大約在 1930 年代，國軍為因應高級機關特有的業務龐雜、文書程序繁複、指揮鈍重等現象，逐漸建立了每週、每日或數日由主官集合各單位主管召開例行性會議的機制，便於各單位主管當面互相通報彼此應聯繫事項，讓主官當場作出裁決，此即所謂的會報。這些會報，較之一般所說的會議，更為強調經常性的溝通、協調功能。若有需要，高級機關可能每日舉行 1 至 2 次，每次 10 到 15 分鐘亦可。[2]

例如，抗日戰爭、國共戰爭期間，國軍最高統帥蔣介石每日或每數日親自主持「官邸會報」，當場裁決了許多國軍戰守大計，頗為重要。可惜，該會報的原始史料目前僅見抗戰爆發前夕、抗戰初期零星數則。[3] 曾經擔任軍事委員會軍令部第一廳參謀、國防部第三廳（作戰廳）廳長，參加無數次官邸會報的許朗軒，在日後生動地回憶會報的進行方式，略云：

---

2 「會議會報調整辦法」，〈軍事委員會最高幕僚會議案（二十九年）〉，《國軍檔案》，檔號：29 003.1/3750.5。

3 抗戰時期官邸會報的運作模式，蘇聖雄已進行過分析，參見蘇聖雄，《戰爭中的軍事委員會：蔣中正的參謀組織與中日徐州會戰》（臺北：元華文創，2018），頁 68-83。國共戰爭時期及其後的官邸會報情形，參見陳佑慎，《國防部：籌建與早期運作（1946-1950）》，頁 129-138。

> 作戰簡報約於每日清晨五時在（蔣介石官邸）兵棋室舉行。室內四周牆壁上，滿掛著覆有透明紙的的大比例尺地圖。在蔣公入座以前，參謀群人員必須提早到達，各就崗位，進行必要準備。譬如有的人在透明紙上，用紅藍色筆標示敵我戰鬥位置、作戰路線以及重要目標等……。一陣緊張忙碌之後，現場暫時沉寂下來，並顯出幾分肅穆的氣氛。斯時蔣公進入兵棋室，行禮如儀後，簡報隨即開始。先由參謀一人或由主管科長，提出口頭報告，對於有敵情的戰區，如大會戰或激烈戰鬥正在進行的情形，作詳細說明，其他無敵情的戰區則從略。蔣公於聽取報告後，針對有疑問的地方，提出質問，此時則由報告者或其他與會人員再做補充說明。或有人提出新問題，引起討論，如此反覆進行，直到所有問題均獲得意見一致為止。最後蔣公則基於自己內心思考、分析與推斷，在作總結時，或採用參謀群提報之行動方案，或對其行動方案略加修正，或另設想新戰機之可能出現，則指示參謀群進行研判，試擬新的行動方案。簡報進行至此，與會人員如無其他意見，即可散會。此項簡報，大約在早餐之前，即舉行完畢。[4]

蔣介石在官邸會報採用、修正或指示重新研擬的行動方案，必須交由軍事委員會各部或其他高級機關具體辦理。反過來說，軍事委員會各部或其他高級機關也可

4 許承璽，《帷幄長才許朗軒》（臺北：黎明文化，2007），頁 48-49。

能主動研擬另外的行動方案，再次提出於官邸會報。而軍事委員會各部與其他高級機關不論是執行、抑或研擬行動方案，同樣得依靠會報機制。例如，抗日戰爭期間，軍事委員會參謀總長何應欽親自主持「作戰會報」，源起於 1937 年 8 月軍事委員會改組為陸海空軍大本營（後取消，仍維持以軍事委員會為國軍最高統帥部），而機構與組織仍概同各國平時機構，未能適合戰時要求，遂特設該會報解決作戰事項。軍事委員會作戰會報的原始紀錄，一部分收入檔案管理局典藏《國軍檔案》中，有興趣的讀者不妨一讀。

再如，前面提到，民國歷史文化學社業已整理出版的《抗戰勝利後軍事委員會聯合業務會議會報紀錄》，則是抗日戰爭結束之初的產物。當時，蔣介石親自主持的官邸會報照常舉行，依舊為國軍最高決策中樞；軍事委員會的作戰會報，因對日作戰結束，改稱「軍事會報」，仍由參謀總長或其它主要官長主持，聚焦「綏靖」業務（實即對共作戰準備）；軍事委員會別設「聯合業務會報」（1945 年 10 月 15 日前稱聯合業務會議），亦由參謀總長或其它主要官長主持，聚焦軍事行政及一般業務。[5] 以上所舉會報實例，決策了許多國軍重大政策方針。至於民國歷史文化學社另外整理出版的《軍政部部務會報紀錄（1945-1946）》，讀者則可一窺更具體的整軍、接收、復員、裝備、軍需、兵工、

---

5 陳佑慎主編，《抗戰勝利後軍事委員會聯合業務會議會報紀錄》（臺北：民國歷史文化學社，2020），導讀部分。

軍醫等業務的動態執行過程。[6]

及至 1946 年 6 月 1 日，國民政府軍事委員會、軍事委員會所屬各部，以及行政院所屬之軍政部，均告撤銷，業務由新成立的行政院國防部接收辦理。這是國軍建軍史上的一次重大制度變革。因此，除去官邸會報不受影響以外，其餘軍事委員會聯合業務會報、軍事委員會軍事會報、軍政部部務會報都不再召開，代之以新的國防部部務會報、參謀會報、作戰會報。國防部部務會報由國防部長主持，參謀會報與作戰會報由新制的國防部參謀總長（職權和舊制軍事委員會參謀總長大不相同）主持。前揭三個會報的紀錄，構成了本系列的主要內容。

事實上，國軍高級機關在大陸時期經常舉行會報的作法，延續到了今天的臺灣，包括筆者所供職的臺北大直國防部。儘管，隨著時間發展、軍事制度調整，國軍各種會報的名稱持續出現變化。再加上歷任主事者行事風格的差異，各種會報不論召開頻率、會議形式、實際功效等方面，都不能一概而論。不過，會報機制帶有的經常召開性質，可供各單位主管當面互相通報彼此應聯繫事項、再由主官當場裁決的功能，大致始終如一。也因此，對研究者來說，只要耙梳某一機關的會報紀錄，就能在很大程度上綜覽該機關的業務，並且可以每週、數日為時間尺度，勾勒這些業務如何因時應勢地執行。

6 陳佑慎主編，《軍政部部務會報紀錄（1945-1946）》（臺北：民國歷史文化學社，2021），導讀部分。

三、國防部部務、參謀、作戰會報的實施情形

本次整理出版的國防部部務會報、參謀會報、作戰會報，具體的實施情形為何呢？1948 年 6 月 9 日，國防部第三廳（作戰廳）廳長羅澤闓曾經歸納指出：部務會報與部本部會報（部本部會報紀錄本系列並未收錄，後詳）「專討論有關軍政業務」，作戰會報「專討論有關軍令業務」，參謀會報「專討論軍令軍政互相聯繫事宜」。[7]

如果讀者閱讀羅澤闓的歸納後，仍然感到困惑，其實並不會讓人覺得詫異。1946 年 8 月，空軍總司令周至柔在參加了幾次國防部不同的會報後，同樣抱怨「本部（國防部）各種會報，根據實施情形研究，幾無分別」，要求「嚴格區分性質，規定討論範圍」（部務會報紀錄，1946 年 8 月 17 日）。問題歸根究底，國軍各種會報大多是在漫長時間逐漸形成的產物，實施情形也常呈現混亂結果。而就國防部各種會報來說，真正一眼可判的分別，並非會議的討論議題範圍，其實是參與人員的差異。

各種會報參與人員的差異，直接受到機關主官職權、組織架構的影響。1946 年 6 月 1 日成立的國防部，對比她的前身國民政府軍事委員會，主官職權與組織架構均有極大的不同。軍事委員會以委員長為首長，委員長總攬軍事委員會一切職權。反之，國防部在成立初期

7 「第三廳廳長羅澤闓對國防部業務處理要則之意見」（1948 年 6 月 9 日），〈國防部及所屬單位組織職掌編制案〉，《國軍檔案》，檔號：581.1/6015.9。

階段，雖然國防部長地位稍高於國防部參謀總長（以下簡稱參謀總長，不另註明），但實質上國防部長、參謀總長兩人都可目為國防部的首長。國防部長向行政院長負責，執掌所謂「軍政」。參謀總長直接向國家元首（先後為國民政府主席、總統）負責，執掌所謂「軍令」。時人有謂「總長不小於部長，不大於部長，亦不等於部長」，[8] 語雖戲謔，卻堪玩味。

國防部長本著「軍政」職權，主持國防部「部本部」的工作，平日公務可透過「部本部會報」解決。參謀總長本著「軍令」職權，主持國防部「參謀本部」的工作，平日公務可透過「參謀會報」、「作戰會報」解決。原則上部本部人員不參加參謀會報、作戰會報，參謀本部人員不參加部本部會報。部本部與參謀本部倘若遇到必須聯繫協調事項，則透過國防部長主持的「部務會報」解決。（部務會報紀錄，1946 年 8 月 17 日、1947 年 4 月 12 日）

至於所謂「軍政」、「軍令」的具體分野為何？或者更確切地說，部本部、參謀本部的業務劃分究竟如何？國防部長和參謀總長的職權關係係究竟如何？這些問題，從 1946 年起，迄 2002 年國防二法實施「軍政軍令一元化」制度以前，長年困擾我國朝野，本文無法繼續詳談。不過，至少在本系列聚焦的 1946 至 1949 年範

8 「立法委員對本部組織法內容批評之解釋」（1948 年 3 月），〈國防部及所屬單位組織職掌編制案〉，《國軍檔案》，檔號：581.1/6015.9；「抄國防部組織法審核報告」，〈國防部組織法資料彙輯〉，《國軍檔案》，檔號：581.1/6015.10。

圍內，參謀總長主持的參謀本部實質上才是國防部主體，國防部長直屬的部本部則編制小，職權難伸，形同虛設。[9] 1948 年 7 月 1 日，部長辦公室主任華振麟甚至在部本部會報上提出：部本部「決策與重要報告不多」，部本部會報可從每週舉行一次改為每兩週舉行一次。當時的國防部長何應欽，即席表示同意。[10] 此一部本部會報紀錄，本系列並未收錄。

相較於部本部會報「決策與重要報告不多」，由參謀總長主持，召集參謀本部各單位參加的參謀會報與作戰會報，就顯得忙碌而緊張了。國防部成立之初，原訂每星期召開兩次參謀會報，不久改為每星期召開各 1 次的參謀會報與作戰會報（參謀會報紀錄，1946 年 6 月 25 日）。兩個會報的主持人員、進行方式大抵類同，主要差別在於作戰會報專注於作戰方面，而參謀會報除了不涉實際作戰指揮外，基本上含括了人事、情報、後勤、編制、科學科技研究、政工、監察、民事、軍法、預算、役政、測繪、史政等項（是的，包含史政在內，在當時，參謀本部實際負責了國防部絕大部分業務）。

軍令急如星火，軍情瞬息萬變，蔣介石及其他國軍高層面對國防部的各種會報，事實上是較為重視作戰會報。1947 年 11 月，國防部一度研議，將作戰會報移至蔣介石官邸舉行（作戰會報紀錄，1947 年 11 月 17

---

9 「袁同疇上何應欽呈」（1948 年 6 月 18 日），〈國防部及所屬單位職掌編制案〉，《國軍檔案》，檔號：581.1/6015.9。

10 「國防部部本部會報紀錄」（1948 年 7 月 1 日），〈國防部部本部會報案〉，《國軍檔案》，檔號：003.9/6015.5。

日）。而自同年 12 月起，至翌年 3 月初，蔣介石本人不僅親自赴國防部主持作戰會報，且每週進行 2 次，較國防部原訂的每週 1 次更為頻繁。饒富意味地，在這段時間，蔣氏在日記常留下主持國防部「部務」的說法，例如 1947 年 12 月 13 日記曰：「到國防部部務會議主持始終，至十三時後方畢；自信持之以恆，必有成效也」，1948 年 1 月 22 日記曰：「國防部會議自覺過嚴，責備太厲，以致部員畏懼，此非所宜」等。[11] 筆者比對日記與會議紀錄時間後，確信蔣氏所謂的「部務會議」並非指國防部的部務會報，實指作戰會報。

1948 年 9 月底，蔣介石復邀請美國軍事顧問團團長巴大維（David Goodwin Barr）出席國防部作戰會報。巴大維表示同意，並實際參加了會議。然而，短短一年不到，1949 年 8 月，美國國務院發表《中美關係白皮書》（*United States Relations with China: With Special Reference to the Period 1944-1949*），竟以洋洋灑灑以數十頁篇幅，披露巴大維參加國防部作戰會報的細節。美國之所以如此，出於當時國共戰爭天秤已傾斜中共一方，國務院亟欲透過會議紀錄強調：巴大維的戰略戰術建議多未得蔣氏採納，國軍的不利處境應由中方自負其責。[12]

另應一提的是，國防部作戰會報專討論軍令事務，本係參謀總長的職責，故應由參謀總長主持。這個原則，

11 《蔣介石日記》，未刊本，1947 年 12 月 13 日、1948 年 1 月 22 日。另見 1948 年 1 月 24、31 日，1 月反省錄，2 月 2 日等處。

12 United States. Dept. of State ed., *United States Relations with China: With Special Reference to the Period 1944-1949* (St. Clair Shores, Mich.: Scholarly Press, 1971), pp. 274-332.

在 1948 年逐漸鬆動了。是年 3、4 月間，蔣介石曾多次委請白崇禧以國防部長身份主持作戰會報。不久之後，何應欽繼任國防部長職，也有多次主持作戰會報的紀錄。

不過，國防部長開始主持作戰會報的情形，基本上是屬於人治的現象，並非意味參謀總長執掌軍令的制度已遭揚棄。1948 年 12 月 22 日，徐永昌繼任國防部長職。翌年 2 月 9 日，參謀次長林蔚因參謀總長顧祝同赴上海視察，遂請徐永昌主持作戰會報。徐永昌允之，卻感「本不應出席此會」。[13]

四、國防部部務、參謀、作戰會報紀錄的史料價值

以上，說明了國防部部務會報、參謀會報、作戰會報的大致參加人員與實施情形，當中又以作戰會報攸關軍情，備受蔣介石及其他國軍高層重視。如果研究者能夠同時參考官邸會報（因缺少紀錄原件，僅能運用側面資料）、國防部各個會報、國防部其他非例行性會議的紀錄，再加上其他史料，可以很立體地還原國軍諸多重大決策過程。這些決策過程的基本輪廓，即為國防部各個會報根據蔣介石指示、官邸會報結論等既定方針，討論具體實行辦法，或者反過來決議向蔣氏提出修正意見。

例如，1946 年 7 月 5 日，國防部作戰會報討論「主席（國民政府主席蔣介石）手令指示將裝甲旅改為快

13 徐永昌撰，中央研究院近代史研究所編，《徐永昌日記》（臺北：中央研究院近代史研究所，1990-1991），第 9 冊，頁 230，1949 年 2 月 9 日條。

速部隊」一案，決議「查各該部隊大部已編成，如再變更，影響甚大。似可維持原計畫辦理，一面在官邸會報面報主席裁決」（作戰會報紀錄，1946 年 7 月 6 日）。再如，濟南戰役期間，1948 年 9 月 15 日，國防部作戰會報根據蔣介石增兵濟南城的指示，[14] 具體研議「空運濟南兵員、械彈及糧服，應按緊急先後次序火速趕運」。22 日（按：隔天濟南城陷），復討論「空投濟南之火焰放射器，應簽請總統核示後再行決定」等問題（作戰會報紀錄，1948 年 9 月 15、22 日）。

又如，1948 年 11 月上旬，國軍黃百韜兵團 6 萬餘官兵，連同原第九綏靖區撤退之軍民 5 萬餘人，於碾莊地區遭到共軍分割包圍，[15] 揭開了徐蚌會戰的慘烈序戰。11 月 10 日上午，蔣介石召開官邸會報，決定會戰大計，裁示徐州地區國軍應本內線作戰方針，黃百韜兵團留碾莊固守待援，邱清泉等兵團向東轉移，先擊破運河西岸共軍陳毅部主力。[16] 同日下午，國防部便續開作戰會報，討論較具體的各種措施，含括參謀次長李及蘭力主繼續抽調華中剿匪總司令部所屬張淦兵團增援徐州（而不是僅僅抽調黃維兵團東援）、國防部長何應欽裁示「徐州糧食應作充分儲備，並即撥現洋，就地徵購，

14 《蔣介石日記》，未刊本，1948 年 8 月 26 日、9 月 11 日、9 月 15 日等處。

15 「黃百韜致蔣中正電」（1948 年 11 月 12 日），《蔣中正總統文物》，國史館藏，典藏號：002-090300-00193-114。

16 《蔣介石日記》，未刊本，1948 年 11 月 10 日；杜聿明，〈淮海戰役始末〉，中國人民政治協商會議全國委員會文史資料研究委員會編，《淮海戰役親歷記》（北京：文史資料出版社，1983），頁 12-14。

能購多少算多少」等（作戰會報紀錄，1948年11月10日）。[17]

其後，國軍各兵團在徐蚌戰場很快陷入絕境。11月25日，國防部作戰會報研討黃維兵團被圍、徐州危局等問題，決議繼續空投或空運糧彈，[18]但可能已經爭論徐州應否放棄。28日，徐州剿匪副總司令杜聿明自前線飛返南京，參加官邸會報。官邸會報上，蔣終於拍板決定撤守徐州，各兵團向南戰略轉進。會報進行過程中，杜因「疑參謀部（按：指參謀本部）有間諜洩漏機密」，不肯於會議上陳述腹案，改單獨向蔣報告並請示。[19]隨後，杜飛返防地，著手依計畫指揮各兵團轉進，惟進展仍不順利。12月1日，國防部再開作戰會報，遂決議「空軍應儘量使用燒夷殺傷彈，對戰場障礙村落尤須徹底炸毀，並與前方指揮官切實聯繫，集中重點轟炸」。[20]

關於國防部作戰會報呈現的作戰動態過程，本文限於篇幅不能再多舉例，有興趣的讀者可自行繼續發掘。「軍以戰為主，戰以勝為先」，這部分的內容如果較吸引人們重視，是極其自然之事。不過，我們也不應忽

---

17 「薛岳上蔣中正呈」（1948年11月11日），《蔣中正總統文物》，國史館藏，典藏號：002-080200-00545-060。

18 另參見「國防部作戰會報裁決事項」（1948年11月25日），《蔣中正總統文物》，國史館藏，典藏號：002-080200-00337-065。

19 《蔣介石日記》，未刊本，1948年11月28日。

20 United States. Dept. of State ed., *United States Relations with China: With Special Reference to the Period 1944-1949*, pp. 334-335；「國防部作戰會報裁決事項」（1948年11月25日、12月1日），《蔣中正總統文物》，國史館藏，典藏號：002-080200-00337-065。

略，國防部本質上也是一個龐大的官僚機構。1948 年 3 月，國防部政工局局長鄧文儀向蔣介石批評：「國防部之工作，重於軍政部門，（國防部）主管編制、人事、預算者似乎可以支配一切事務」，「國防部除作戰指揮命令尚能迅速下達外，其他行政業務猶未盡脫官僚習氣。辦理一件重要公文，如需會稿，常一月不能發出，甚至有遲至三月者」。[21] 鄧文儀的說法即令未盡客觀，卻足以提醒研究者：應多加留意情報、作戰以外的參謀軍官群體及其業務。

例如，1946 年 6 月 11 日，國防部召開第一次參謀會報，代理主持會議的國防部次長林蔚（參謀總長陳誠因公未到）便指示：「下週部務會報討論中心，指定如次：1. 官兵待遇調整案：由聯合勤務總部準備有關資料及調整方案，以便部長決定向行政院提出。2. 軍隊復員情形應提出報告，由第五廳準備……」（參謀會報紀錄，1946 年 6 月 11 日）。以後，這些議題還要持續佔用部務會報、參謀會報相當多的篇幅。

又如，1947 年 12 月 22 日，國防部召開部務會報，席間第二廳（情報廳）副廳長曹士澂提出：「新訂之文書手冊，規定自明年一月一日起實施，本廳已請副官處派員擔任講習。關於所需公文箱、卡片等件，聞由聯勤總部補給。現時期迫切，該項物品尚未辦妥，是否延期實施？」副官處處長陳春霖隨即回應：「公文用品除各

21 「鄧文儀上蔣中正呈」（1948 年 3 月 12 日），《蔣中正總統文物》，國史館藏，典藏號：002-080102-00043-020。

總部規定自辦者外，國防部所屬各單位由聯勤總部補給。此項預算已批准，即可印製，不必延期」（部務會報紀錄，1947 年 12 月 22 日）。

前面說的「副官處」，為國防部新設單位，職掌是人事資料管理，以及檔案、軍郵、勤務、收發工作等，正在美國軍事顧問協助下，主持推動軍用文書改革與建立國軍檔案制度。他們首先著手調整「等因奉此」之類的文書套語，並將過去層層轉令的文件改由國防部集中複製發佈。當時服役軍中的作家王鼎鈞，日後回憶說：「那時國防部已完成軍中的公文改革，廢除傳統的框架、腔調和套語，採用白話一調一條寫出來，倘有圖表或大量敘述，列為附件。國防部把公文分成幾個等級，某一級公文遍發每某一層級的單位，不再一層一層轉下去。我們可以直接收到國防部或聯勤總部的宣示，鉛印精美，套著紅色大印，上下距離驟然拉近了許多」。[22]

無可諱言地，不論是軍用文書改革、官兵待遇調整，抑或部隊復員等案，最終都因為 1949 年國軍戰情急轉直下，局勢不穩，不能得致較良好的成績。類似的案例還有很多，它們多數未得實現，遂為多數世人所遺忘。但即使如此，這類行動方案涵蓋人事、後勤、編制、科學科技研究、政工、監察、民事、軍法、預算、役政、測繪、史政等。凡國防部職掌業務有關者，俱在其中。它們無疑仍是戰後中國軍事史圖景不可或缺的一角，而國防部的部務會報、參謀會報紀錄恰可作為探討

22 王鼎鈞，《關山奪路》（臺北：爾雅出版社，2005），頁 240。

相關議題的重要資料。

五、小結

對無數的研究者來說，中華民國政府為什麼在1949年「失去大陸」，數百萬國軍為什麼在國共戰爭中遭逢空前未有的慘烈挫敗，是日以繼夜嘗試解答的問題。這個問題太過巨大，永遠不會有單一的答案，也不會有單一的提問方向。但難以否認地，國軍最高統帥蔣介石連同其麾下參謀軍官群體扮演的角色，勢必會是研究者的聚焦點。

本系列的史料價值，就在於提供研究者較全面的視野，檢視蔣介石麾下參謀軍官群體如何以集體的形式發揮作用（而且不僅僅於此）。本質上，所有軍隊統帥機構的運作，都是集結眾人智力的結果。即便是蔣氏這樣事必躬親、宵旰勞瘁處理軍務的所謂「軍事強人」領袖，他所拍板的決定，除了若干緊急措置外，不知還要多少參謀軍官手忙腳亂，耗費精力，始能付諸實行。例如，蔣氏若決心發起某方面的大兵團攻擊，國防部第二廳就要著手準備敵情判斷，第三廳必須擬出攻擊計畫，第四廳和聯勤總部則得籌措糧秣補給、彈藥集積。而參謀軍官群體執行工作所留下的足跡，很大部分便呈現在各個會報紀錄的字裡行間之內。

誠然，另一批讀者可能還聽過以下的說法：當時國軍的運作，「個人（蔣介石）集權，機構（軍事委員會、國防部）無權」。畢竟蔣介石時常僅僅透過侍從參謀（如軍事委員會委員會長侍從室、國民政府軍務局等）的輔助，繞過了國防部，逕以口頭、電話、手令向前線指揮官傳遞命令，[23] 事後才通知國防部。更何況，即使是前文反覆提到的官邸會報，由於蔣氏以國家元首之尊親自裁決軍務，仍可能因此閒置了國防部長、參謀總長的角色，同樣是反映了蔣氏「個人集權」的統御風格。

1945 至 1948 年間（恰恰與本系列的時間斷限重疊）擔任外交部長的王世杰，曾經形容說「國防部實際上全由蔣（介石）先生負責」。[24] 不惟如是，筆者在前文也花上了一點篇幅，描繪蔣氏如何親自過問國防部的機構運轉，聲稱自己「部務會議主持始終」。[25] 這裡所謂部務會議，不是指本系列收錄的部務會報，而是指本系列同樣有收錄的作戰會報。部務會報也好，作戰會報也罷，蔣介石是國防部「部務」的真正決策者，似乎是難以質疑的結論。

儘管如此，筆者仍要強調，所謂「機構無權」、「實際上全由蔣（介石）先生負責」云云，指的都是機構首長（國防部長、參謀總長）缺乏決定權，而不是指機構（國防部）運作陷入了空轉。研究者不應忽略了參謀軍官群體的作用。蔣介石主持官邸會報，參加者大多

23 例見《蔣介石日記》，未刊本，1947 年 1 月 28 日。並參見陳存恭訪問紀錄，《徐啟明先生訪問紀錄》（臺北：中央研究院近代史研究所，1983），頁 139-140；陳長捷，〈天津抗拒人民解放戰爭的回憶〉，全國政協文史資料委員會編，《文史資料選輯》，總第 13 輯（北京：中國文史出版社，1961），頁 28。

24 王世杰，《王世杰日記》（臺北：中央研究院近代史研究所，1990），第 6 冊，頁 163，1948 年 1 月 25 日條。

25 《蔣介石日記》，未刊本，1947 年 12 月 13 日。

數是國防部的參謀軍官群體。蔣介石不論作成什麼樣的判斷，大部分還是根據國防部第二廳、第三廳所提報的資料，再加上參謀總長、次長的綜合分析與建議。蔣介石對參謀軍官群體的各種擬案，可以採用、否決或要求修正，但在多數情形下依舊離不開原來的擬案。[26]

參謀軍官群體研擬的行動方案、對於各種方案的意見、執行各種方案所得的反饋內容，數量龐大，散佈於各種檔案文件、日記、回憶錄、訪談錄等史料中，值得研究者持續尋索。但顯而易見地，本系列提及的各種會報，是參謀軍官群體研擬方案、研提意見、向層峰反饋工作成果的重要平台，它們的會議紀錄則是相對集中且易於使用之史料，值得研究者抱以特別的重視。

當前，國共戰爭的烽煙已經遠離，國軍也不復由蔣介石這樣的軍事強人統領。然而，國共戰爭的影響並未完全散去，國防部也依舊持續執行它的使命。各國參謀軍官群體的重要性，更隨著現代戰爭朝向科技化、總體戰爭化的發展，顯得與日俱增。值此亞太局勢風雲詭譎、歐陸烏俄戰火燎原延燒之際，筆者撫今追昔，益感國事、軍事之複雜。謹盼研究者利用本系列內容，並參照其他史料，綜合考量其他國內外因素，適切理解相關機制在軍事史上的脈絡，定能更深入地探析近代中國軍事、政治史事的發展。

26 許承璽，《帷幄長才許朗軒》，頁 107-108。

編輯凡例

一、 本書依照開會日期排序錄入。

二、 為便利閱讀，部分罕用字、簡字、通同字，在不影響文意下，改以現行字標示，恕不一一標注。無法辨識之文字，以■表示，原稿留白處，以□表示。

三、 本書史料內容，為保留原樣，維持原「奸」、「匪」、「偽」等用語。

四、編者註以【 】表示。

目錄

第三十次參謀會報紀錄

時　間	三十六年元月六日午後三時至五時三十分	
地　點	國防部會議室	
出席人員	國防次長	林　蔚　劉士毅　秦德純
	參謀次長	劉　斐　郭　懺　方　天
	總長辦公室	錢卓倫　顏逍鵬　張一為
		張家閑
	陸軍總部	林柏森
	空軍總部	周至柔（徐煥昇代）
	海軍總部	周憲章
	聯勤總部	黃　維　陳　良　趙桂森
	各廳局處	於　達　侯　騰　張秉均
		楊業孔　郭汝瑰
		錢昌祚（龔　愚代）
		鄧文儀　王開化（廖濟寰代）
		杜心如　趙志垚　彭位仁
		吳　石　徐思平（鄭冰如代）
		晏勳甫　蔣經國（黎天鐸代）
		劉慕曾　陳春霖
	軍務局	毛景彪
	中訓團	黃　杰
	首都衛戍司令部	萬建蕃
	聯勤總部各單位	張　鎮　郗恩綏　吳仲直
		楊繼曾　孫作人　柳際明
		錢壽恒　吳仲行

主　　席　參謀總長

紀　　錄　裴元俊

會報經過

壹、檢討上次會報實施程度

總長指示：

1. 空軍總部報告卅五年空軍作戰空運訓練狀況數字統計應列表呈閱。
2. 我空軍降落平壤蘇聯機場，曾受蘇方招待，並為加油，應去謝函。
3. 傘兵憲兵中，應退伍者，即予退伍，俾辦理徵兵容易。
4. 禁止軍方使用虬江碼頭事，政院應與本部正式公文，俾便處理。
5. 軍官總隊選撥每綏署一千五百名及華北每軍一百五十名案，應迅速辦理，撥七十四師服務，不遵令前往者，應予懲處。

空軍總部報告：

我機在平壤降落，受蘇方之招待，及加油事，空軍總部業已函謝。

貳、報告事項

一、情況報告（二廳侯代廳長）略

二、戰況報告（三廳張廳長）略

三、海軍總部報告：

關於派遣軍艦，赴日本代替佔領軍，經桂代總司令面報總長核准，在該艦未開日前，下列各項，擬請由二廳召集會議研究：

1. 如何與盟軍洽定日期及其駐泊港。
2. 到日後，給養燃料，如何補充。
3. 經費薪餉，如何規定頒發。
4. 該艦與我駐日代表團之聯繫。
5. 官兵在日應注意事項。

總長指示：

由海軍總部，先擬辦法，提下次會報討論。

四、中訓團報告：

1. 迄至卅五年底中訓團共收訓將官二〇四一員。（重慶、西安最後收訓者，尚未報來）已退役者三八九員，頃以將官安置不易，擬盡量辦理退役，其餘正簽請核示中。
2. 優秀幹部，受訓人員業已考試，未考取之少校以下優秀人員是否可以挑選送各軍師軍官隊。
3. 軍官總（大）隊，已於卅五年十二月底停止收訓，刻擬舉行總清查，由各分團及補給區會同點驗，本團直屬單位，請聯勤總部派員參加，全部定本（元）月底辦竣。

總長指示：

1. 將官安置由林次長主持辦理。
2. 少校以下優秀人員，可以挑選送各軍師軍官隊。

五、總長辦公室報告：

戴之奇師長靈柩，於本日到京，本部是否舉行公祭？請示。

總長指示：

準備公祭。（特勤處辦理）

六、新聞局報告：

新聞工作人員訓練班，係去年九月奉命在各軍官總隊挑選一千五百人，集中中訓團設班訓練，刻中央體育場房屋於月內可修繕完工，擬於本月底通知召集，預定訓練兩月後分發各師工作，可否？請示。

總長指示：

可召集。

七、預算局報告：

參政會駐會參政員，本月四日開會審議國防部預算，次長林出席說明後，各參政員發表意見綜合如次：

1. 維持最高國防委員會核定總數。
2. 在總數內項目流用由國防部自行檢討斟酌損益，但對官兵待遇須特加重視。

此外指出應加注意糾正事項如左：

1. 物資利用：對收繳物資應儘量利用以補助預算之節減。
2. 機關緊縮：凡可緊縮之單位，須注意歸併或緊縮。
3. 行政改善：

(1) 士兵核實——即減少空額之意。

(2) 軍官總隊收訓退役——應儘先辦理現役之人員，其非現役者可從緩。

(3) 徵兵——購買、強拉之弊須設法改良革除。

退伍——應集團分別省份送還，不可零落無歸。

⑷ 憲兵有派在非軍官公館守衛者，或非必要公館，亦派軍憲守衛者，請矯正。

次長林表示對上項意見誠意接受。

總長指示：

1. 本年國家財政困難，各單位應確實節省，不能浪費，預算內容，應加調整，除作戰需要外，能緩辦者，均可停辦，預算局與聯勤總部應切實研究辦理。
2. 接收敵偽物資應確實利用。
3. 官兵待遇，必須維持最低生活，舊年將屆，各單位應切實考察部屬，如有特殊困難者，應呈報予以救濟。
4. 裁減不必要之單位及人員，本部應首先實行，廳局中業務可歸併者，即應歸併，其次海空軍及憲兵、輜汽兵等單位，均可研究調整，兩年來全國共裁減二百餘萬人，但目前又增加一百七十餘萬，政府實無力負擔此龐大軍費，本部特應注意。
5. 私人住宅有憲兵守衛事，由憲兵司令部查明辦理。
6. 退役官佐生活之保障，應適切研究計劃，徵兵辦法未加改善，除長江流域派人調查外，京滬區由監察局派員密查，派出人員生活費用，應稍優厚，不准受人招待。

林次長報告：

參政會意見，退伍士兵應整個退伍，不令零星，並必退回原籍，則爾後徵兵容易辦理，此點意見，可供採納。

（兵役局）

彭位仁呈為簽復鈞部辦公室（卅六）宿皇字第零零一五號公函由

三十六年三月二十日

准鈞部辦公室（卅六）宿皇字第零零一五號公函，略以奉鈞座於第三十次參謀會報指示「徵兵辦法未加改善，京滬區由監察局派員密查」特函查照等由，當即派本局一等軍需正劉澤沛前往京滬線實地調查，茲據關於吳縣、無錫等縣辦理兵役之調查經過陳述如下：（一）吳縣轄七十餘鄉鎮，每鄉鎮轄十至十二保，共計七百數十保，因上（卅五）年十月以前照臨時徵兵規定，每保抽送壯丁二名，該區未遵照徵兵之三平原則辦理，只求壯丁如期足數，對於新兵之來歷以及是否及齡與合格俱不過問，致演成買丁替役之風。（二）據百花鎮四保甲長陸維榮謂，上（卅五）年十月間各鄉鎮辦理徵兵，每戶攤派捐款有自八千元起至三、四萬不等，查一鎮轄十至十二保，一保十甲，一甲十戶，一戶之附戶二、三家或四、五家不等，計算捐款一甲約派六十餘萬，每鎮約六千餘萬，每保僱丁二名，每名壯丁需款一百四、五十萬，以每鎮應徵二十名，亦不過三千萬，其餘之款未聞下落。（三）查無錫縣於上（卅五）年十月間徵兵僱丁之款，亦由各戶攤派，若平時挾嫌者則有半夜捉人或事先揚言抽某家獨子以圖舞弊。（四）無錫乃一富庶之縣，封建權勢尚濃，於上年徵兵之際想盡方法遣送其子弟投往他鄉或薦於機關團體中服務，或遣以商店學徒藉圖逃避，主管當局秉為政不得罪巨室之腐習，亦任其規避。（五）僱丁替役已半公開，問諸居民言之鑿鑿，惟證據經多方搜集迄難獲得，現蘇省臨參會一致主張查究僱丁替役之弊，同時師管區負責人到蘇時亦認上年臨時徵兵多缺點，今後應本徵兵法令切實改進等情，除對京滬杭等地兵役繼續派員澈查，務獲違法實據呈核究辦外，謹將該員調查所得呈請鑒核。

謹呈

次長方、郭、劉

總長陳

職彭位仁

八、兵役局報告：

現各部隊士兵籍貫甚為複雜，爾後關於徵補方面，擬請規定某師團管區徵集之士兵配賦於部隊某師團，並與其下級軍官籍貫相配合，因其言語風俗習慣相同，不特徵集比較容易，且逃亡亦可減少，將來退伍運輸均可作有計劃之措施，此事在業務上與一、三、五廳及聯勤總部有密切關係，可否實行，請示。

九、軍法處報告：

大赦及減刑案，內容報告。（書面報告）

參、討論事項

擬定分區調整官兵待遇方案請公決由（聯勤總部提）

決議：

由林次長召集四總部及有關廳局署審查。

肆、指示事項

一、各兵科學校及空軍參謀學校，開學典禮，均應隆重舉行儀式，並請主席、部總長蒞臨主持。

二、武職人員待遇調整，一般官兵薪餉仍應提高，似可照文職人員第三區標準調整（河西、新疆，及東北除外）分區生活補助，甚為需要，惟精密區分甚為不易，如本人於役前方，而眷屬不能隨軍，如照本人所在地給與，似不公允，次則士兵如何補助，亦應加研究。

三、徵兵之障礙，一為有去無回，一為待遇太低，故此次待遇調整，特應注意士兵。

四、部隊眷糧，仍應發給，其他則以調查統計一時不易明確，稍緩辦理。

五、本日提案甚有價值，以後凡無研究討論價值之案，不必提出，單位不能解決之事，先應呈報總長，總長不能解決之事，呈報部長或交會報討論，不必凡事均於會報提案，其次會報之性質重在各單位將互有關連之業務提出報告。

國防部參謀會報第三十次重要業務檢討表

日期：三十六年一月六日

會報次數：第卅次

事件	已否辦理	已辦尚未完成原因	未辦原因
議決： 一、復員業務整理組擬即遵限結束，關於中訓團各軍官總（大）隊撤銷前後未了案件之接收處理（第一廳提），經議決照所擬辦法第一辦理。 承辦單位：第一廳	遵於本年九月十五日如期結束，並將未了案件之接收處理遵照所擬辦法第一項，將官由第一廳第一處接辦，校尉官由副官處接辦。		
中訓團報告： 頃以將官安置不易，擬盡量辦理退役 承辦單位：第一廳	本案經飭本廳第一處注意辦理。		
預算局報告： 參政會各參政員對行政改進意見，關於軍官總隊收訓退訓應儘先辦理現役之人員，其非現役者可從緩。 承辦單位：第一廳	已飭本廳第一處注意辦理。		
總長指示： 一、裁減不必要之單位及人員，本部應首先實行，廳局中業務可歸併者即應歸併。 承辦單位：本部各單位	已遵指示辦理並飭所屬研究。		
派遣軍艦赴日代替佔領軍之有關各項問題。 承辦單位：有關廳局	核辦中。		

事件	已否辦理	已辦尚未完成原因	未辦原因
總長指示： 裁減不必要之單位及人員，本部應首先實行，廳局中業務可歸併者即應歸併，其次海空軍及憲兵、輜汽兵等單位均可研究調整，兩年來全國共裁減二百餘萬人，但目前又增加一百七十餘萬人，政府無力負擔此龐大軍費，本部特應注意。 承辦單位：第五廳	一、關於本部各廳局之調整已由本部組織職掌綜合檢討委員會負責辦理中。 二、海空軍及憲兵、輜汽兵等單位之調整，已飭海空及聯勤總部分別擬具調整方案報部憑辦中（並規定空軍保留十四萬人，海軍保留三萬二千人，聯勤保留五十四萬人）。	現正繼續辦理中。	
新聞局報告關於新聞工作人員訓練班由各軍官隊挑選一千五百人集中中訓團設班訓練，擬於本月底通知召集一案，奉總長指示可召集。 承辦單位：新聞局			奉令歸併成立中央訓練團新聞工作人員訓練班，因房舍尚未修建完竣，決定在二月間召集。
總長指示： 本年國家財政困難，各單位應確實節省，不能浪費，預算內容應加調整，預算局與聯勤總部應切實研究辦理。 承辦單位：預算局	本年因軍費困難，已擬定統籌分配核撥辦法呈部採行，對於各單位預算均遵總長指示盡量樽節開支，杜絕浪費。		
傘兵、憲兵中應退伍者即予退伍，俾辦理徵兵容易。 承辦單位：兵役局	已辦。		
徵兵購買強拉之弊須設法改善革除。 承辦單位：兵役局	已辦。		
徵兵之障礙，一為有去無回，一為待遇太低，此次待遇調整特應注意士兵。 承辦單位：兵役局	已函請聯勤總部辦理。		
退伍應分別省份送還，不可零落無歸。 承辦單位：兵役局	已辦。		

事件	已否辦理	已辦尚未完成原因	未辦原因
派艦赴日以代佔領軍，由海總部先擬辦法提下次會報討論。 承辦單位：海軍總司令部	已辦。		
總長指示： 1. 本年國家財政困難，各單位應確實節省，不能浪費，預算內容，應加調整，除作戰需要外，能緩辦者，即可停辦，預算局與聯勤總部應切實研究辦理。 3. 官兵待遇，必須維持最低生活，舊年將屆，各單位應切實考察部屬，如有特殊困難者，應呈報予以救濟。 承辦單位：財務署		1 項正研究中。 3 項核發標準，另案請示中。	
肆、指示事項 二、武職人員待遇調整，一般官兵薪餉仍應提高，似可照文職人員第三區標準調整（河西、新疆及東北除外）分區生活補助，甚為需要，惟精密區分甚為不易，如本人於役前方，而眷屬不能隨軍，如照本人所在地給與，似不公允，次則士兵如何補助，亦應加研究。 承辦單位：財務署		全國人馬總數正由預算局精密統計，即可彙案簽報主席。	

事件	已否辦理	已辦尚未完成原因	未辦原因
總長指示： 4. 禁止軍方使用虬江碼頭事，政院應與本部正式公文，俾便處理。 承辦單位：運輸署		（一）十月三十日奉行政院西卅祕京代電以物資供應局有物資二百萬噸正在陸續運入，需要虬江碼頭及 B 字倉庫，未便令飭撥用。 （二）據富司令十二月二十七日報告，奉宋院長面諭，虬江碼頭禁止軍用，另撥黃埔碼頭之一部份應用等因，請示到部，因黃埔碼頭接近鬧市，不適軍用，業於一月十日承辦國防部稿報告院長另撥其他適合軍用碼頭，尚未奉批。 （三）一月十四日江局長來京，經洽允在行政院未撥其他碼頭前，虬江碼頭仍由本部優先使用，比即正式電物資局查照，並電富司令、劉主任知照。	

事件	已否辦理	已辦尚未完成原因	未辦原因
總長指示： 4. 裁減不必要之單位及人員，本部應首先實行，廳局中業務可歸併者，即應歸併，其次海空軍及憲兵、輜汽兵等單位，均可研究調整，兩年來全國共裁減二百餘萬人，但目前又增加一百七十餘萬，政府實無力負擔此龐大軍費，本部特應注意。 承辦單位：聯勤總部		4. 已遵照總長指示原則將本部所屬各單位官兵擬具裁減方案呈核，尚未奉核定。	
總長指示： 2. 接收敵偽物資應確實利用。 承辦單位：聯勤總部	擬仍繼續積極辦理。	查該項收繳敵偽物資業務，係本部前清理室負責辦理，至處理利用亦向由各該主管單位辦理，現該室奉令於十二月底結束，其已辦未辦業務刻正在向本處及有關各署處移交，所有該項物資之處理利用，現正督飭分區分類辦理中，擬仍繼續積極推動。	
一、軍官總隊選撥每綏署一千五百名及華北每軍一百五十名案，應迅速辦理，撥七十四師服務，不遵令前往者應予懲處（總長指示）。 承辦單位：中訓團	綏署人員係國防部第五廳主辦，華北補充幹部已轉令選撥，十七總隊不遵令，七十四師已令查報，第十九總隊已撥青島警備部500，十四、廿五已撥鄭州綏署各500，廿已撥發徐州綏署445，華北幹部據報正起運中。	正催報中。	正催報中。

第三十一次參謀會報紀錄

時　　間　三十六年元月十三日午後三時至五時

地　　點　國防部會議室

出席人員　國防次長　林　蔚　劉士毅　秦德純

參謀次長　劉　斐　郭　懺　方　天

總長辦公室　錢卓倫　顏逍鵬　張一為

張家閑

陸軍總部　林柏森

空軍總部　周至柔

海軍總部　周憲章

聯勤總部　黃鎮球　陳　良　趙桂森

各廳局處　於　達　侯　騰　張秉均

楊業孔　郭汝瑰　錢昌祚

鄧文儀　王開化　杜心如

趙志垚　金德洋　吳　石

徐思平（鄭冰如代）

晏勳甫　蔣經國（黎天鐸代）

劉慕曾　陳春霖

軍務局　毛景彪

中訓團　黃　杰（李亞芬代）

首都衛戍司令部　萬建蕃

聯勤總部各單位　張　鎮　郗恩綏　吳仲直

楊繼曾　孫作人　柳際明

錢壽恒　吳仲行

主　　席　參謀總長陳

紀　　錄　裴元俊

會報經過

壹、檢討上次會報實施程度

一、憲兵司令部報告：

憲兵中請求退伍者，尚未滿服役年限，按青年軍服役期係兩年，轉入憲兵應服役一年，此項人員，是否仍准退伍？請示。

總長指示：

似仍可照青年軍年限退伍，由兵役局再加研究簽核。

二、總長指示：

龔副廳長建議，各軍官總隊之優秀軍官中，有軍校畢業，而普通科學具有根底，如有志入高中或大學者，似可申送，由第一、五廳研究辦理。

貳、報告事項

一、情況報告（二廳侯代廳長）略

二、戰況報告（三廳張廳長）略

三、總長辦公室報告：

1. 凡主席或總長手令，交由各單位承辦之件，如有限期者，務必遵限辦理，倘不能如限辦出者，應隨時申覆，請勿任意延期。
2. 各單位承辦上呈大簽，務請在上左角註明承辦單位之文號，並自行校對，以便登記，而免摘由之繁。

軍務局報告：

各單位呈主席親閱文件，近有用打字者，不甚清晰，主席閱讀不便，仍請按照以前規定辦理。

總長指示：

主席及本人限期辦理之件，務要遵限呈出，總長辦公室並應登記，呈主席文件，應照前規定辦理，不能草率，軍務局如發現本部公文缺點，請即提出，以便改正。

四、空軍總部報告：

海軍總部近擬派員赴美學習海軍航空，惟以目前我國無海上基地之設備，似可從緩。

總長指示：

不必派遣。

五、海軍總部報告：

本月十日午後在西沙群島上空發現機尾為紅白藍之法國飛機一架，盤旋偵察，擬請外交部提出抗議。

總長指示：

應將經過情形，呈報本部向外交部提出。

六、聯勤總部報告：

調整待遇方案，經召有關單位研討，擬辦如下：

1. 官佐待遇擬增加百分之六十，以百分之五十增加薪餉，其餘百分之十，備作配售福利品與市價差額之用，士兵中二等兵擬增一倍，二等兵以上各階士兵其增加成數依次較少。
2. 空軍機械士待遇已照尉官，除按一般增加外，擬再酌加。
3. 辦公、洗擦、草鞋等費，擬增加一倍，旅費增加二分之一。

4. 以現有全國員額統計，每月約增一千億元之譜，確數正核算中。

空軍總部意見：

技術人員階級可低，而待遇不妨提高。

七、第二廳報告：

英國船「黑鵝號」開到廣州，行轅以未接通知，來電查詢，經查此事原由外交部通知海軍總部，海軍總部未即通知行轅，擬請外交部爾後應通知本部，不必逕知海軍總部。

總長指示：

照辦。

八、保安局報告：

東北行轅對編組保安部隊，函請轉呈不再予變更案，經奉批「省縣保安團及自新軍，不得超過十三萬人五千人」，復奉主席亥侍地代電核示，熊主任呈函飭併戌敬侍地代電指示各項原則核議具復，現熊主任已來京，本部對此案應如何擬辦？請示。

總長指示：

東北自新軍應編入保安團內，本案由三、五廳、保安局再加研究。（三廳張廳長召集）

九、預算局報告：

預算分配調整情形（略）。

總長指示：

1. 服裝費三千八百八十億元，不可改動。

2. 本部代領轉發經費四千三百餘億，經國防最高委員會撥出，本部預算連復員經費共占總預算百分之四〇·九二。
3. 今年非正規部隊，服裝、子彈、武器、軍糧非經批准，不得發給。

十、測量局報告：

本年核列測量經費不敷甚鉅，測量工作推行困難。

總長指示：

今年少作測量工作，與二、三廳連繫，多注重翻印工作。

十一、副官處報告：

退役人員參加競選，青年團已籌組委員會策劃，本部擬請指定人員組成委員會推進。

總長指示：

由林次長主持，召有關單位研究。

十二、聯勤總部報告：

清查各部隊機關學校人馬財物辦法。（書面）

參、討論事項（無）

肆、指示事項

一、今年不獨財政支絀，物資亦極艱窘，吾人應有革命精神，切不可事事存依賴外人之心理，必須自力更生，打破難關，對現有武器、器材、物資節省使用，尤為要圖。

二、兵工預算，兵工署應速擬呈，元月份所需彈藥費先予墊發。

附錄一

聯合勤務總司令部提案

案由：為節約財務核實補給起見，擬具清查各部隊機關學校人馬財物辦法，提請公決由。

理由：三十六年度軍費預算為國家財力所限，極形支絀，財物補給必須遵奉總長訓示，力求核實節約，庶可勉為支應，尤須檢討受補單位，清查實有人馬，機構不容再有駢冗，人馬不容再有浮濫，並對各級單位，澈底清算財物帳目，俾能調盈濟虛，充實綏靖戰力，爰擬具清查各部隊機關學校人馬財物辦法，當否提請公決。

辦法：見附件。

國防部清查各部隊機關學校人馬財物辦法

（一）國防部為節約財物核實補給起見，特組設人馬財物清查組，分赴各補給區清查，各部隊機關學校實有人馬數目及財務收支狀況。

（二）每補給區派遣清查組一組，每組設組長一人，組員六人至八人，由本部第四廳、第五廳、兵役局、監察局、聯勤總部、勤務處、補給處、財務署、經理署等單位選派，並連同聯勤總部派駐各補給區督察官組成之。關於派遣命令之下達，人員之指揮，報告之彙編，以及其他有關清查事項，均由聯勤總部主持辦理。

（三）清查組之任務如次：

甲、核對各收補單位及其編制。

乙、抽點各受補單位實有人馬數目。

丙、清算各補給區及各受補單位三十五年度各月份經臨費款、主食副秣帳目。

丁、清查各補給區現存接收軍用物資品量。

戊、清查其他有關人馬財物事項。

（四）清查組出發前應通令各補給單位及受補單位準備左列資料：

（甲）各補給區及各級兵站暨供應局應準備者：

1. 區域內受補單位一覽表
2. 區域內受補單位三十五年各月份人馬統計表
3. 三十五年各月份經管軍費收支統計表
4. 三十五年各月份副秣費收支統計表
5. 三十五年各月份臨時費收支統計表
6. 經發敵俘零副各費統計表（三十四年九月起至三十五年年底止，希速遵聯勤總部（卅五）戍儉財配代電辦理）
7. 各兵站單位三十五年度各月份收支報告（希速遵聯勤總部（卅五）亥智財配代電辦理）
8. 三十四年度軍糧配額收發實況表
9. 三十四年度購糧實況表
10. 三十五年度糧運費收支明細表
11. 三十四年度接收敵偽糧食收發實況表
12. 三十五年撥補各單位服裝狀況表
13. 武器彈藥及交通通訊、衛生器材等項領發款目統計表

14. 現存接收軍用物資品量表
15. 關於補給興革意見

（乙）各受補單位應準備者：

1. 編制表及奉准文號
2. 三十五年度一至十二月份各月實有人馬統計表
3. 各次戰役人馬耗損統計表
4. 各月傷患轉院人數統計表
5. 各月撥補或募補新兵明細表
6. 全部馬騾口齒總統計表
7. 現有馬騾清冊
8. 三十五年度各月份經常費收支統計表
9. 三十五年度各月份副秣費收支統計表
10. 三十五年度各種臨時費收支統計表（以奉准有案者為限，並須註明文號）
11. 三十五年度各種墊款明細表
12. 各月份主食副秣發存欠實況表
13. 十二月份現有服裝表
14. 待補服裝表
15. 領用武器彈藥及交通通訊、衛生器材實況表
16. 關於補給興革意見

（五）通令各補給單位及各受補單位指派副主官或幕僚長率領主管人事、經理人員，攜帶上項資料，於規定日期到達補給區司令部所在地舉行會議，分組核算人馬財物數目。

（六）清查組對受補單位所報人馬財物數目發生疑問時，應隨時抽查。

（七）清查期間以一個月為限，必要時得呈准延長之。

（八）清查組出發前由聯勤總部召集各組人員研討有關清查工作之技術問題，並準備左列資料：

1. 各單位編制表
2. 各單位各月份實有人馬統計表
3. 各月份撥補各單位新兵人數表
4. 三十五年度撥發軍費明細表
5. 三十五年度撥發副秣費明細表
6. 三十五年度撥發兵站經費明細表
7. 三十四年度（軍糧年度）各補給區軍糧配額表
8. 三十五年度服裝補給實況表
9. 有關武器彈藥及交通通訊、衛生器材配發狀況表冊

（九）清查組返部時應編報左列書表：

1. 單位人馬清查報告表
2. 經臨費款清查報告表
3. 主食副秣清查報告表
4. 服裝收發對照表
5. 實收服裝明細表
6. 實發服裝明細表
7. 實存服裝明細表（計算至十二月底）
8. 武器彈藥及交通通訊、衛生器材清查報告表
9. 全部馬騾口齒總統計表
10. 現有馬騾清冊

11. 各補給區現存接收軍用物資品量表

12. 補給業務興革意見

（十）各組擬於一月二十五日出發。

（十一）各組所需旅費由聯勤總部財務署統籌分發。

（十二）本辦法如有未盡事宜，隨時以命令增訂之。

批示：

不提。

附錄二

海軍總司令部提案

案由：派遣軍艦赴日本代替佔領軍之有關各項問題提請討論由。

說明：查派遣軍艦赴日代替佔領軍，在未開日前，關於該艦任務、派遣辦法、進駐手續、給養燃料補充、經費匯發、附帶任務及其他注意事項，亟須解決，曾於第卅次會報提出，奉總長指示「由該部先擬辦法提下次會報討論」。

辦法：一、任務：駐日軍艦承中華民國駐日代表團之指導，擔任中華民國駐日佔領軍之任務。

二、派遣：由海軍總司令部遵奉國防部命令選派新型軍艦壹艘准駐日本，並定每三個月輪派軍艦瓜代一次，首次軍艦經擬定為去年由美返國之護航驅逐艦太康號。

三、進駐手續：關於軍艦進駐日本手續及駐泊地點，俟本案決定後由海總部派，將艦之艦名、艦種、艦上人員、裝備、噸位等項，送由二廳轉致朱團長世明向盟軍洽辦。

四、給養：朱團長電知在日本無法補給，須由進駐軍艦自行攜備，茲擬定主食品由太康軍艦帶足三個月之米麵，惟副食品，則擬按三個月定量半數配給罐裝實物隨艦攜備，半數由該艦就地採購鮮品，因國內外物價不同，應准實報實銷。以上所需主副食品、實物統由聯勤總部撥交，倘進駐後未能按期派艦瓜代時，應先期另派運輸艦將實物送往補給。

五、燃料：由進駐艦於出國前在滬裝足六萬加侖，在日需要補充時，請代表團向盟軍總部商借。

六、經費：關於派遣員兵之給與，於離返國境之日起止，擬參照派遣軍給與規定，除仍支國內薪餉及海勤加給外，其國外津貼比照陸軍日幣津貼提高一級支領，該艦辦公費擬准實報實銷。以上關於國外津貼辦公費及就地採購副食品所需經費，由海總部專案請購外匯。

七、附帶任務（派員隨艦赴日調查賠償工業）：查行政院賠償委員會現正加緊進行拆遷日本賠償工業之工作，我國各有關機關均已派員赴日從事調查，本軍業經簽奉主席蔣批准將日本賠償中國之海軍工廠撥由本軍接收，是以對於該廠目前實在情形，亟需切實調查明瞭，俾作接收時之准備，爰擬乘此次太康軍艦赴日之便，選派專門技術人員多人（暫定六人）附搭前往擔任調查工作，以期節省費用。

八、注意事項：（一）派遣官兵應具戰勝國家之自尊態度，束身自愛，對美軍應表友善，對日本軍民不宜過分親近，以免引起美方猜忌。（二）派遣官兵在日如有犯法行為，除為普通懲罰法範圍並不涉及外國軍民者，艦長得在職權以內處理外，應秉承代表團辦理，並電呈海總部。

以上所擬八項，是否有當，提請公決。

批示：

不提。

第三十二次參謀會報紀錄

時　　間	三十六年元月二十日下午三時至四時三十分	
地　　點	國防部會議室	
出席人員	國防次長	林　蔚　秦德純　劉士毅
	參謀次長	劉　斐　郭　懺　方　天
	總長辦公室	錢卓倫　顏逍鵬　張一為　張家閑
	陸軍總部	林柏森
	空軍總部	周至柔（徐煥昇代）
	海軍總部	周憲章
	聯勤總部	黃　維　陳　良　趙桂森
	各廳局處	於　達　鄭介民（張炎元代）　張秉均　楊業孔　郭汝瑰　錢昌祚　鄧文儀　王開化　杜心如　趙志垚（紀萬德代）　彭位仁　吳　石（戴高翔代）　徐思平（鄭冰如代）　晏勳甫　蔣經國　陳春霖　劉慕曾
	軍務局	傅亞夫
	中訓團	黃　杰
	首都衛戍司令部	萬建蕃
	聯勤總部各單位	張　鎮　郗恩綏　吳仲直　楊繼曾　陳立楷　孫作人　柳際明　錢壽恒　吳仲行

主　　席　參謀次長劉代

紀　　錄　裴元俊

會報經過

壹、檢討上次會報實施程度

貳、報告事項

一、情況報告（二廳張副廳長）略

二、戰況報告（三廳張廳長）略

三、軍務局報告：

三十六度國防部各單位文電代字表，請送軍務局，以便聯繫。

指示：

文書組照辦。

四、總長辦公室報告：

參謀總長辦公室為總次長與參謀機構間之承轉收發機關，並非業務承辦機關，編制人員規定甚少，近有將業務移總長辦公室辦理者，特將本室職掌概略報告如下：本室主要之職掌為總次長所需文件資料之蒐集，及公文之呈轉，函電之處理，以及臨時交辦事件。組織計分三科，第一科辦理（一）會報紀錄及會報決定決議事項之通知備忘，（二）軍事統計，（三）剪報。第二科辦理（一）呈請總長判行公文之呈轉分發，情報戰報參謀聯絡，（二）主席及總次長手令之登記轉發事宜。第三科辦理本室交通、通信、人事、總務諸事宜。

五、第四廳報告：

本廳美顧問四人到廳接洽，希望保持密切接觸，經與商妥每兩週會報一次。

指示：

此為業務研究性質，應每週接觸一次。

六、第六廳報告：

本年度國防科學研究預算，本部呈政院分配表核列貳百億，本廳接預算局通知擬送按月分配表，復奉部長於上週部務會報指示，應增為本部預算百分之一，約為四百五十億，據預算局紀副局長報告，送呈政院預算分配表，請不變更，擬於行政經費內設法簽撥貳百億，茲擬先將貳百億之分配表於上半年內支配使用，即由本廳遵限造送，至下半年之貳百億由本廳擬送暫行方案，於上半年內檢討各研究業務進度以後，再行請准修改之。

七、軍法處報告：

1. 行政院原頒東北九省，及冀、熱、察、綏、魯臨時緊急軍政措施辦法，規定適用於上列十四省，旋又奉令適用於晉、陝、豫、鄂、皖、蘇六省，經轉發實施，近因綏靖區政委會決定，改為綏靖區及東北九省臨時緊急軍政措施辦法，適用區域，發生糾紛，因一省之內，有部分適用軍法，有不適用，辦理困難，現上列各省．盜匪仍多，可否與有關廳局會商，重新劃分，簽請主席頒行。
2. 大赦令已經實施，現有許多犯罪士兵及人民釋放後，即無衣食，司法院曾有臨時救濟規定，本部是否可與財務署會商辦法，酌加救濟。

指示：

1. 綏靖區適用緊急軍政措施辦法，關連甚大，由軍法處召集二、三廳、新聞、民事局等有關單位，詳加研究簽核。
2. 釋放士兵中，如身體強壯者，應給與勞力工作，不堪服務者，可參照司法院救濟辦法，與財務署會商，酌予救濟。

參、討論事項

一、擬具投誠匪軍及俘匪補給時限辦法三項請公決案（第四廳提）

案由：關於投誠匪軍補給時限，經查歷次參謀會報及匪軍投誠被擄處置，與青年訓導大隊組訓等辦法，均無明確規定，究應補給至合適為止，提請公決。

理由：查關於投誠及被擄匪軍補給時限，經查歷次參謀會報紀錄，僅第十二次據第三廳報告對匪軍投誠事宜，擬請指定單位負責承辦。經指示「策動屬第二廳，來歸後之整編應由第五廳負責」，並奉次長劉指示各個投誠由新聞局辦理，部隊投誠由第二廳辦理，各等因，嗣奉總長杭保軍戌艷未代電，附匪軍投誠被擄處置及獎賞辦法與青年訓導大隊組訓辦法各一份。遵查對此項投誠被擄匪軍補給時限究至何時為止，均無明確規定，當此軍糧配額極為緊縮之際，似應詳細規定，以縮短補給時間為目的。

辦法：

一、投誠及俘匪如確係裹脅相從者，儘量資遣回籍為原則，其主副食均由兵站核實補給，以不得超過一個月為限。

二、投誠及俘匪經考核，未受匪化，體格強壯，願為國家繼續效力者，應即撥補後方治安部隊，其在考核時期之主副食由兵站核實補給，以一個半月為限。（惟大批投誠匪軍編成正式部隊時，不在此限）

三、青年訓導大隊於本（卅六）年七月以後之主副食，須專案呈報補給。

決議：

通過。

二、為兵工署移辦各地現役及退役軍人、華僑國大代表等申請或換領國府自衛槍砲執照及檢發請領法團槍照格式等案應如何辦理，請公決案（憲兵司令部提）

理由：國府於民國卅五年六月廿八日公布，同年九月一日起施行之「自衛槍枝管理條例」規定：凡人民、公務員、退伍軍官佐及依法成立之機關團體，自衛槍照統由內政部核發，獨現役軍人則無明文規定。本部對於現役軍人所需槍照，依國防部第十次部務會報指示承辦，自應遵照，惟國防部所屬各機構遍佈全國各地，凡查驗、烙印、發照，在首都自可由本部辦理，在地方勢須分令駐各地憲兵團隊承辦，其驗槍儀器、申請書表需量至大，耗資亦鉅，且儀器在國內更不易購得，應如何辦理，正呈請總長核示中。近接兵工署陸續移來申請國府槍照者，計現役軍人十案，退役軍人二案，現役軍人申請換發國府槍照者四案，軍事機關請檢發法團用國府槍照格式者一案，請檢發申請個人槍照格式者一案，駐京華僑國大代表申請國府槍照者一案，合計十九案。在本部承辦國府槍照辦法，在未奉國防部核示以前，關於上述個案，擬以左列辦法分別處理之。

辦法：（一）現役軍人請領國府槍照，駐首都者暫發本部自衛槍砲登記證，駐地方者，依前述理由函復，並退還原件。

（二）退役軍人依前述條例規定，由地方政府承辦，引據法令函覆。

（三）海外華僑可視為普通人民，以其現住地論，應向首都警察廳申請，引據法令函復。

（四）軍事機關請檢發國府槍照格式者，依前述理由函復。

（五）現役軍人請換發國府槍照者，依前述理由函復，並退還原件。

右擬各項是否可行，敬祈公決。

決議：

本案提部務會報決定。

肆、指示事項（無）

第三十三次參謀會報紀錄

時　　間　三十六年元月二十七日午後三時至四時

地　　點　國防部會議室

出席人員　國防次長　林　蔚　劉士毅　秦德純
參謀次長　劉　斐　郭　懺　方　天
總長辦公室　顏逍鵬　張家閑
陸軍總部　林柏森
空軍總部　周至柔（徐煥昇代）
海軍總部　周憲章
聯勤總部　黃鎮球　陳　良　趙桂森
各廳局處　於　達（金元錚代）
侯　騰　王　鎮　楊業孔
郭汝瑰　錢昌祚　鄧文儀
王開化　杜心如　趙志垚
金德洋　吳　石
徐思平（鄭冰如代）
晏勳甫　蔣經國（黎天鐸代）
劉慕曾　陳春霖
軍務局　楊學房
中訓團　黃　杰
首都衛戍司令部　湯恩伯
聯勤總部各單位　張　鎮　郗恩綏　吳仲直
楊繼曾　陳立楷　孫作人
柳際明　錢壽恒　吳仲行

主　　席　參謀次長劉代

紀　　錄　裴元俊

會報經過

壹、檢討上次會報實施程度

貳、報告事項

一、情況報告（二廳侯代廳長）略

二、戰況報告（三廳張廳長）略

三、聯勤總部報告：

軍用服裝材料，係向中紡公司洽領，事前本部均有需要樣品交與，但交來布疋，顏色品質均不整齊，迭次去函交涉，迄未改良，除再函請改正外，特提出報告。

四、運輸署報告：

1. 以十輪卡車改裝五百輛裝甲車案，經與物資供應局交涉車輛，迄今尚未領到，刻總長在徐州待車一五〇輛，今日如不能解決，明日擬派員到徐面呈經過。
2. 據報秦皇島將封凍，大船不能靠岸，影響補給，現正調碎冰船實施碎冰。
3. 部隊運輸情形（略）。

五、中訓團報告：

駐滬東北總隊大批隊員待船北運，近與聯勤總部水運指揮部交涉，准以千人搭乘本月二十八日北開之海元輪，該總隊即令蘇州之隊員千人作登船準備，旅費及住留費等已具領清楚，車輛亦交涉妥當，殊又奉通知該總隊緩行，先行運輸交警總隊，查該總隊隊員均已作起程準備，又均攜有眷屬，行期變更，困難頗多，擬請仍先將該隊北運。

運輸署答復：

仍先運該總隊學員。

六、第三廳報告：

元月十日作戰會報總長指示事項研議辦法，奉批提參謀會報報告案。

指示：

均如擬辦理。

七、新聞局報告：

整二十六師眷屬食糧，聞自二月一日起停止供給，查該師官佐傷亡甚多，擬請延期停止。

聯勤總部答復：

已飭徐州主管單位，不能停止。

八、預算局報告：

武職人員待遇調整案係由財務署主辦，於本月二十一日午後送到預算局會稿，二十二日例假，二十三日開始計算，因各部門官兵人數僅有總數，階級人數須向主管單位查詢，至二十五日始查明，二十七日上午始將增加經費統計清楚，共計月需一千四百另八億，已將數字填入財務署所擬簽稿內送還呈判。

九、兵役局報告：

部隊缺額與徵補兵額數。

事由：為各部隊士兵缺額人數，擬照第五廳主管之編制數及聯勤總部主管之現有數為根據，以憑撥補由。

說明：（一）本局主管兵員補充，對各部隊缺額人數必須明瞭，方有所依據，過去原根據第五廳所列編制及現有數核予撥補，惟因此項數字多失時效，為求迅捷補充起見，經電各行轅、綏署將缺額人數逕報本局核補，惟所報與第三廳、第五廳及聯勤總部人數出入甚大，應以何者為憑殊難依據，故對兵員撥補極感困難。

（二）各部所報缺額人數懸殊之原因，歸納言之，略有三端：

1. 對請領補給時，概係多報現有人數。

2. 對於作戰傷亡時，則多報傷亡人數。

3. 對請補兵員時，概係多報缺額人數，似此情形，其所缺人數不但無法證實，且虛耗軍實，影響撥補。

（三）查缺額之產生，係由編制及現有數比照所得，現各部隊編制數已奉規定由第五廳主管，現有數由聯勤總部主管，其缺額人數似應照上述兩單位主管數字為依據方為合理，其弊端亦可減少。

辦法：（一）為求事權專一，統計確實起見，今後各部隊缺額人數擬照第五廳主管之編制數及聯勤總部之現有數之比差數字為根據，其他各項數字概作無效。

（二）擬由第五廳及聯勤總部於次月十日以前將主管統計數字，逐月分送本（兵役）局以憑撥補。

指示：

前方需兵孔急，兵役局應迅速催辦。

參、討論事項

為各部隊士兵缺額人數，擬照第五廳主管之編制數及聯勤總部主管之現有數為根據，以憑撥補由。（兵役局提）

決議：

通過。

肆、指示事項（無）

第三十四次參謀會報紀錄

時　　間　三十六年二月三日午後三時至四時三十分

地　　點　國防部會議室

出席人員　國防次長　林　蔚　劉士毅　秦德純

參謀次長　劉　斐　郭　懺　方　天

總長辦公室　錢卓倫　顏逍鵬　張家閑

陸軍總部　林柏森

空軍總部　周至柔（徐煥昇代）

海軍總部　周憲章

聯勤總部　黃鎮球　趙桂森

各廳局處　於　達　鄭介民（張炎元代）

張秉均（王　鎮代）

楊業孔　郭汝瑰　錢昌祚

鄧文儀（李樹衢代）

王開化　杜心如　趙志垚

彭位仁　吳　石（戴高翔代）

徐思平（鄭冰如代）

晏勳甫　蔣經國（賈亦斌代）

劉慕曾　陳春霖

軍務局　傅亞夫

中訓團　黃　杰

首都衛戍司令部　湯恩伯（萬建蕃代）

聯勤總部各單位　張　鎮　郗恩綏　吳仲直

楊繼曾　林可勝（陳立楷代）

孫作人　柳際明（黃顯灝代）

錢壽恒（劉振世代）

主　席　參謀次長劉代

紀　錄　裴元俊

會報經過

壹、檢討上次會報實施程度

貳、報告事項

一、情況報告（二廳張副廳長）略

二、戰況報告（三廳王副廳長）略

三、總長辦公室報告：

參謀會報二十一次至三十次重要業務檢討，由本室彙辦完畢印發各單位，請攜回自行檢討，如有不符合處，請函本室更正。

四、海軍總部報告：

前三方面軍，所屬水巡總隊，因蘇北戰況緊張時，曾由國防部改編為水上警備總隊，該隊薪餉給養，原由該隊在聯勤總部具領，自去年十一月份起，奉令由海軍總部代領轉發，現海軍總部員額緊縮，無法容納此項人數，該隊屬何單位，應請指示。

指示：

專案簽呈核示。

五、運輸署報告：

1. 部隊運輸狀況（略）。

2. 奉令在滬接領新車已洽妥之車輛，已由獨汽六營及輜汽十四團前往接收，其餘應領車輛，正與物資供應局洽辦中，預計一個月內領完。

運輸署郗恩綏：

奉令在滬接新車，已洽妥之250車已由獨汽六營接收，計二月一日自滬開徐50輛，本日已過常，本三日再開50輛，五日再開50輛，餘100輛，明日十四團即開一營去滬接收，其餘750輛尚在與物資供應局洽辦中，預定一個月內領完。

六、第一廳報告：

軍政銓敘工作檢討會議，經召集有關單位籌備，決於二月下旬舉行，現組祕書處處理會務，由各單位指定人員組成，尚有中訓團、軍務局未指定，請速指示，各單位應呈出之各項有關銓敘業務統計及提案，亦請速送，以便彙辦。

七、第三廳報告：

第二十次參謀會報奉指示「警報信號規則，仍照前規定，不予變更，待國大開會後，再定實施辦法」。查「防空警報信號規定」及「防空警報信號實施細則」均經軍委會於三十五年五月二十八日訓令規定保留停止實施，茲以情況及防空演習需要，為預策安全計，該兩辦法似應恢復，又查前軍委會訓令係法制處辦理，現卷移法規司，本案擬移交法規司辦理。

指示：

簽呈部長核示。

八、史料局報告：

三中全會報告各單位應送資料，請速送局以便彙編。

參、討論事項

為軍教電影管理處製片廠擬請改隸第五廳或新聞局辦理由（聯勤總部提）

查軍教電影事業在促進軍隊教育與實行官兵娛樂，美軍雖以電影與照像兩項包含於通信連之內，實際通信人員亦不諳此項業務與技術，且國軍軍教電影尚待建立，為謀拍製軍教電影便利，及藉電影宣傳以提高軍隊革命精神計，擬請將此項處廠改隸國防部第五廳或新聞局辦理，如何請核示。

決議：

交綜合檢討委員會核議。

肆、指示事項

一、三人小組軍事調查處執行部服務人員原係在各單位調用，現將復員，其安置辦法由軍務局、第一廳、第二廳、副官處會擬計劃呈核，並由第二廳主辦。

二、主席手令行政機關行政效率亟應提高，各機關應組研究會，並可延聘美國專家，從事研究促進案，由總長辦公室將主席手令印發，由各單位擬具方案呈核。

第三十五次參謀會報紀錄

時　間	三十六年二月十日下午三時至四時三十分	
地　點	國防部會議室	
出席人員	國防次長	林　蔚　劉士毅　秦德純
	參謀次長	劉　斐　郭　懺　方　天
	總長辦公室	錢卓倫　顏逍鵬　張家閑
	陸軍總部	林柏森
	空軍總部	周至柔（徐煥昇代）
	海軍總部	周憲章
	聯勤總部	黃鎮球　陳　良　趙桂森
	各廳局處	於　達（劉祖舜代）
		侯　騰　張秉均（王鎮代）
		楊業孔　郭汝瑰
		錢昌祚　鄧文儀（李樹衢代）
		王開化　杜心如（張　桓代）
		趙志垚　彭位仁（金德洋代）
		吳　石　徐思平（鄭冰如代）
		晏勳甫　蔣經國（賈亦斌代）
		劉慕曾　陳春霖
	中訓團	黃　杰
	首都衛戍司令部	湯恩伯（劉展緒代）
	軍務局	傅亞夫
	聯勤總部各單位	張　鎮　郗恩綏
		吳仲直　楊繼曾（洪士奇代）
		陳立楷　孫作人

黃顯灝　錢壽恒（劉振世代）

吳仲行

主　　席　參謀次長劉代

紀　　錄　裴元俊

會報經過

壹、檢討上次會報實施程度

一、總長辦公室報告：

主席手令，研究促進提高行政效率，已印發各單位，請於本週內擬具方案送本室彙辦。

貳、報告事項

一、情況報告（二廳侯代廳長）略

二、戰況報告（三廳王副廳長）略

三、總長辦公室報告：

1. 奉主席手令，交警總局，所屬戰列部隊之經費，及一切補給，在交通部預算未核定前，仍由本部辦理，以免貽誤軍事，經已分抄各單位辦理，並奉諭應由第四廳主辦。
2. 各單位在會報上報告各種有關軍事數字，爾後擬概不載入紀錄，以保機密，至決議指示必需記載者，由紀錄記下，另函通知有關單位。
3. 參謀會報決議指示各種重要業務，業經檢討，茲為提高行政效率計，本室簽准總次長，將三十次以前各單位辦理業務實施狀況及已辦尚未完成之業務，分別提出，公函各單位查復，由本室彙呈總次長核閱。

四、運輸署報告：

部隊運輸狀況（略）。

五、第六廳報告：

1. 國防科學研究經費，分配計劃及工作計劃，本廳根據總長訓令，於二月七日召集有關單位討論，即可送預算局並呈核，各單位希望能依指定經費先發兩個月至三個月，以便推動，請預算局、財務署酌核辦理。
2. 部本部二十一次會報決定原則，各單位經常研究費，以全數百分之四十為度，本廳奉令過遲，與各單位計劃數稍有出入，擬請示部長辦理。

林次長報告：

國防科學研究費，部長指示支配原則，為集中使用與經濟使用，預算局支配時應請示部長核定之。

六、預算局報告：

1. 查交警總隊及雲南、東北保安部隊，及防空部隊，青中、青職等八項經費，原由本部代領轉發，現已全部劃出，本部並已通知各單位直接向行政院領取，今奉指示，交警總隊經費、補給，仍由本部負責辦理，請由第四廳召集有關單位商決辦法。
2. 留學考察預算費用甚少，各單位已派留學考察每年究需若干，請速報局，以便請領外匯。
3. 實物補給預算，迄本日午，尚有數單位未報來，務請今晚送到，以便彙辦，再有所報數字，較原核數為大者，請加更正。

4. 國防科學研究費分配數，已由第六廳擬妥，俟呈部長核示後，即發款。

指示：

交警總隊經費、補給案，由第四廳召集各有關單位會商。

七、史料局報告：

三中全會本部工作報告，行政院限本月十五日送到，請各單位應送資料，迅速送局，以便彙呈。

八、撫卹處報告：

綏靖陣亡將士，依抗戰例，應呈由行政院提請國府褒揚，頃奉行政院代電，飭暫緩辦理，究應如何？請示。

指示：

仍照規定辦理撫卹，褒揚暫緩辦理，仍向行政院聲復。

九、副官處報告：

軍事調處執行部，美方人員授勛案，本處正辦理中，惟文官處現存勛章，不敷發給。

指示：

先行辦理授勛，勛章可後補發。

參、討論事項（無）

肆、指示事項（無）

第三十六次參謀會報紀錄

時　　間　三十六年二月十七日下午三時至四時

地　　點　國防部會議室

出席人員　國防次長　林　蔚　劉士毅　秦德純

參謀次長　劉　斐　郭　懺　方　天

總長辦公室　錢卓倫　顏逍鵬　張一為

張家閑

陸軍總部　林柏森

空軍總部　周至柔（毛瀛初代）

海軍總部　周憲章

聯勤總部　黃　維　陳　良　趙桂森

各廳局處　於　達　鄭介民（張炎元代）

張秉均（王鎮代）

楊業孔　郭汝瑰　錢昌祚

鄧文儀　王開化（石凌生代）

趙志垚　彭位仁

吳　石（戴高翔代）

徐思平（鄭冰如代）

晏勳甫　蔣經國（賈亦斌代）

劉慕曾　陳春霖

中訓團　黃　杰（李亞芬代）

首都衛戍司令部　萬建蕃

聯勤總部各單位　張　鎮　郗恩綏　吳仲直

楊繼曾　陳立楷　孫作人

黃顯灝　劉振世　吳仲行

主　　席　參謀次長劉代

紀　　錄　裴元俊

會報經過

壹、檢討上次會報實施程度

貳、報告事項

一、情況報告（二廳張副廳長）略

二、戰況報告（三廳王副廳長）略

三、陸軍總部報告：

近查國防部與陸軍總部所發各部隊公文有重複情事，爾後擬請各單位發文時注意書明業已分令之單位。

指示：

各單位注意辦理。

四、運輸署報告：

部隊運輸狀況（略）。

五、第五廳報告：

俘獲匪方人員先後成立青年訓導大隊十六個，收容人數甚多，爾後是否繼續收容訓導？請示。

指示：

由第二、第五廳、新聞、兵役局會同研究簽核。（由第五廳召集）

六、第六廳報告：

1. 本廳呈擬之國防科學研究費分配表，已經部長核准，擬請由財務署先發一、二月份經費，以利進行。

2. 請預算局主稿向行政院聲請，以半年度研究經費之四分之三保留外匯，以後逐案在此項研究費外匯中聲請開支。

七、新聞局報告：

此次視察各地人民總隊一般工作成績尚佳，惟分到鄉村後甚感自衛力量薄弱及經費不敷，洛陽青年軍訓練情形甚好，惟感副食、營具及醫藥不敷。

八、服役業務處報告：

卅五年退（除）役職金及回籍旅費均經核發國庫支票，交原服務機關轉發在案，照公庫制度，凡卅五年支出之國庫支票，須在卅六年三月底以前取清，逾期無效，經核對國庫帳目，尚有少數退役（職）金，未往領取，請各有關單位迅予轉發，並在三月內提清，以了手續。

九、軍法處報告：

奉行政院規定縣長及地方行政長官兼理軍法暫行辦法自本年五月一日起結束，綏靖區及東北九省適用緊急軍政措施辦法，暫仍照舊，陝、甘、豫三省特准有案者外，其餘各省一律實施，現各省盜匪甚多，一旦停止縣長兼理軍法，困難必多。

指示：

簽呈部長核示。

參、討論事項

一、擬考選軍官總隊尉級隊員並暫恢復軍官訓練班由

（第一廳提）

說明：查自抗戰勝利以後，軍校之九個軍分校及若干兵科學校，均於復員聲中撤銷大半，而目前各部隊因剿匪之損耗，請分發軍校畢業學生者為數甚多，自軍校二十期分發以後，截至二月六日止，有七十三個單位請分發各兵科學生，已達六千七百四十九人，以現在之整編軍三十八個及九十五個師之百餘單位計，陸續請分發者當在萬人以上，而今後軍校教育制度又須調整，受訓時間加長，若僅待軍校畢業學生分發補充，以目前之情形言，似又緩難濟急。經詢據中訓團人事組，劉組長電話告知現在各軍官總隊收訓之尉級隊員共達四萬零五百餘人，而其中有學籍者約為二分之一，此批復員之尉級幹部似應予以充分之運用，茲擬具辦法如左。

辦法：（一）由本部派員或飭由各該軍官總隊就所收訓之尉級隊員考選具有學籍者，視戰局或部隊之需要分發各師軍官隊，以備選用。

（二）除有學籍之尉級隊員以考選方式決定留退外，並擬暫行恢復軍校軍官訓練班，專考選各軍官總隊現在所收訓之尉級行伍軍官隊員，施以短期訓練後分發任用。

（三）關於有學籍尉級隊員之考選及行伍尉級軍官隊員之召訓，其具體辦法由第五廳擬辦。

以右三項所擬當否？敬請公決。

決議：

本案保留。

二、為請規定備忘錄格式由（第五廳提）

說明：查備忘錄「收文者」一欄，有稱將軍，有稱中少將階級者；「送文者」一欄有寫職務，有寫級職者；文末有署名蓋章者，有即在送文者欄內蓋章，不再在文末署名蓋章者，頗不一致，似應統一規定，以資劃一。

擬辦：收文及送文者二欄擬一律稱階級，不寫職務，如「某某上校」、「陸軍一級上將某某」，文末一律署名蓋章。

右案是否可行，提請公決。

決議：

通過，並通令各單位遵照。

三、為請規定在業務未調整以前，各單位應照常處理原有業務由（第五廳提）

說明：查近來以業務將行調整關係，輒有將其本單位延擱甚久之公文移送本廳辦理者，而本廳又未正式奉命接辦此項業務，不特無案可查，不易啣接，且事實上此項公文因時過境遷，亦無法辦理。

擬辦：擬請規定在業務正式調整之日以前，各單位原有之業務應負責處理，勿移將來之主管單位，以免影響業務。

右案提請公決。

決議：

通過，並通令各單位遵照。

四、為請發給各轉業訓練班結束經費由（中訓團提）

理由：查各轉業訓練班經費，學員結業後即行停發，所有班部結束工作必須相當時間，擬請發給結束經費以資清結。

辦法：一、班之經費發至學員結業之次月底。

二、班隊軍職人員發給旅費送軍官總隊，非軍官總隊人員加發俸薪一月遣散，士兵照規定資遣。

決議：

交預算局核辦。

肆、指示事項（無）

附錄

第三十六次參謀會報主任報告事項

查本部參謀會報紀錄，內載本部重要事件之決定，多屬機密，故每次均按出席人數編定號碼分配，若出席人因事缺席，必封送其親收，惟每次重要業務檢討時，有少數單位向本室函補，或派員兵索取，公文往返及來人攜轉，難免有洩漏之處，茲為保密暨便於檢討計，擬請各單位指定人員專卷負責保管，倘因他事需要紀錄參考時，必須用正式公函，本室方能補送。

第三十七次參謀會報紀錄

時　　間	三十六年二月二十四日下午三時至四時二十分	
地　　點	國防部會議室	
出席人員	國防次長	林　蔚　秦德純
	參謀次長	郭　懺　方　天
	總長辦公室	顏逍鵬　車蕃如　張家閑
		張一為
	陸軍總部	林柏森
	空軍總部	周至柔　徐煥昇
	海軍總部	周憲章
	聯勤總部	黃鎮球　黃　維　陳　良
		趙桂森
	各廳局處	於　達　侯　騰
		張秉均（王　鎮代）
		楊業孔　郭汝瑰
		錢昌祚　鄧文儀（李樹衢代）
		王開化（石凌生代）
		杜心如（邢定陶代）
		趙志垚　彭位仁
		吳　石　徐思平（鄭冰如代）
		晏勳甫　蔣經國（賈亦斌代）
		劉慕曾　陳春霖
	軍務局	毛景彪（楊學房代）
	中訓團	黃　杰（李亞芬代）
	首都衛戍司令部	湯恩伯（萬建蕃代）

聯勤總部各單位　張　鎮　郗恩綏　吳仲直
楊繼曾　林可勝（吳麟孫代）
孫作人　黃顯灝
錢壽恒（劉振世代）
吳仲行

主　　席　國防次長林代

紀　　錄　裴元俊

會報經過

壹、檢討上次會報實施程度

貳、報告事項

一、情況報告（二廳侯代廳長）略

二、戰況報告（三廳王副廳長）略

三、撫卹處報告：

關於遺族子女就學之優待，經歷次與社會、教育兩部洽商，現得解決辦法：

1. 凡持有卹令之遺族，其子弟考入國省市縣立各級學校者，均可請求免費優待。
2. 社會部允於本年在各省市政府所在地，至少設一示範育幼院，免費收容教養傷殘軍人子女及遺族子女。
3. 國民革命軍遺族學校，現正籌備復校，係憑卹令投考，免費收訓。

另有私人發起籌設抗戰遺族子女學校於蘇州，其辦法與革命軍遺族學校相同。

四、第二廳報告：

軍調部撤銷後，中共人員處理辦法。（略）

五、新聞局報告：

印發主席訓示小冊五種及編纂手冊三種。

六、預算局報告：

1. 調整待遇，經奉主席核准，自二月份起實施，查每次調整待遇，主席未批示前，報紙即有記載，此次請勿向外公佈。
2. 實物預算已奉批准。
3. 三十五年追加案，尚未批下。
4. 分配預算，尚未經行政院批准，目前係按十二月平均數領款，經費甚感困難。

指示：

(1)項新聞局注意，不得發佈。

參、討論事項

一、請速決定安置此次編餘官佐案（聯勤總部提）

查軍官總隊已不再收訓編餘官佐，本部此次奉准裁撤單位編餘人員，擬在徐州、漢口、廣州、重慶、蘭州等五處各成立軍官隊暫先收容，聽候安置。此案已於本月十七日呈報，經派員迭次與第一廳、第五廳接洽，尚無結果，現期限已屆，各被裁機構紛電請示處置，亟待解決，謹再提呈下列辦法：

1. 准照原擬於徐、漢、廣、渝、蘭等五地成立軍官隊。
2. 仍准先由軍官總隊盡數收訓。

3. 准由被裁機關成立結束處，暫先收容，仍候令處理

以上三項乞速裁定。

決議：

由第一、五廳、聯勤總部擬辦。

二、請核定處理爾後陸軍復員士兵業務事項案（聯勤總部提）

查卅五年度第一、二兩期陸軍整編部隊士兵復員業務已告完成，所有各地收容機構及復員站亦已先後結束，現又奉命整編全國裁減 120 萬員兵，除官佐外，士兵人數約為一百十萬，即以實際按半數計亦有五十五萬，較上次超過十餘倍，復員工作更為艱難，亟應預為籌劃，並以綏靖時期各地尚在緊急徵兵，且徵兵者亦極浩繁，不如以應裁之兵悉數撥交兵役機關（師團管區司令部）分別留遣以節公帑，而期簡捷，曾經擬具辦法於本月廿一日簽報，尚未奉批，若此項復員業務仍須由本部負責辦理，則擬根據過去經驗，請求先決定下列各項：

1. 核定裁編士兵餉項、旅費、退伍金給與標準（過去公路票價原按半數核列預算，但交通部迄未同意，迄今尚成懸案，各地滋生事端，亟應解決）。
2. 確定復員轉業經費預算（以五五萬人計，每人約以二十萬元估計，共約一千一百億）。
3. 領隊官佐必須由原部隊負責派遣。

以上各項，敬乞迅賜裁定。

決議：

復員士兵以撥交兵役機關為原則，其所需經費，仍予撥給，並由第五廳、兵役局與聯勤總部會辦。

三、機場守衛，北平機場守衛兵力薄弱，請示辦法【本案速紀錄有錄，但正式紀錄無】

決議：

由第三廳辦理。

肆、指示事項（無）

第三十八次參謀會報紀錄

時　　間　三十六年三月三日下午三時至四時三十分

地　　點　國防部會議室

出席人員　國防次長　林　蔚　劉士毅　秦德純

參謀次長　劉　斐　郭　懺　方　天

總長辦公室　錢卓倫　顏逍鵬　張一為

張家閑

陸軍總部　林柏森

海軍總部　桂永清　周憲章

聯勤總部　黃鎮球　黃　維　陳　良

趙桂森

各廳局處　於　達　侯　騰

張秉均（王鎮代）

楊業孔　郭汝瑰

錢昌祚　鄧文儀（李樹衢代）

王開化（孫嘯鳳代）

趙志垚　彭位仁（金德洋代）

吳　石（戴高翔代）

徐思平（鄭冰如代）

晏勳甫　蔣經國（黎天鐸代）

劉慕曾　陳春霖

中訓團　黃　杰（李及蘭代）

首都衛戍司令部　湯恩伯（馮其昌代）

憲兵司令部　張　鎮

聯勤總部各單位　郗恩綏　吳仲直

楊繼曾　林可勝（吳麟孫代）

孫作人　柳際明（黃顯灝代）

錢壽恒　吳仲行　丘士深

主　　席　參謀次長劉代

紀　　錄　裴元俊

會報經過

壹、檢討上次會報實施程度

貳、報告事項

一、情況報告（二廳侯代廳長）略

二、戰況報告（三廳王副廳長）略

三、聯勤總部報告：

主席手令前方官兵服裝應一致，查官佐服裝，業已製就，除質料不同外，顏色與士兵無大差異，是否另行製發？請示。

指示：

不另製發。

四、運輸署報告：

部隊運輸狀況（略）。

五、第二廳報告：

近查本部各單位長官，用無線電話，不用密碼與各地通話，以致洩漏機密及行動，特請注意。

六、第四廳報告：

1. 主席手令，瀋陽庫存械彈准由熊主任先行批發。

2. 遵化所需糧彈，業由空軍投送。

3. 探照燈七日可運京，應送西安者，擬於十日前空運前往。

七、第五廳報告：

加強與美軍顧問團聯絡意見：

1. 設中美聯合會報（定期或不定期舉行）。
2. 編發與美方接洽應注意事項。
3. 指定部隊由美方訓練。

指示：

加強美軍顧問團聯繫工作，應注意下列各項：

1. 使美方了解目前我方情形。
2. 對美方接觸儀態言論之檢討，第二廳可編輯注意事項印發，並可於紀念週上報告。

八、民事局報告：

1. 交通封鎖計劃，經召集有關單位會同擬就呈准公佈，海上封鎖辦法，定明日召集會商。
2. 充實綏靖區行政幹部，正招考中。

九、海軍總部報告：

關於對奸匪經濟封鎖，曾於上星期六部務會報，提出下列兩項原則：一為根本限制船隻出入匪區，二為指定機構統一發給船隻出口證，奉指示簽呈候核中，惟明日民事局召集會議，候批恐不及待，仍請指示範圍。

指示：

計劃交通封鎖時應注意：

1. 將抗戰期中實施經驗提出會議。
2. 封鎖應隨戰況推移而進展，主管單位與第三廳應保持緊急聯繫，以待實際。

十、預算局報告：

1. 美軍顧問團經費，規定經常保持若干，由顧問團隨時向財務署支用。
2. 實物預算，經奉主席核准，請各單位再編分配預算送局，以便彙編。

指示：

關於實物補給及調整待遇各項，當行政院交接之際，請林次長向主席面呈，早獲實施。

十一、測量局報告

本局在北平、重慶所印補充冀、魯等省，緊急地圖一部份，亟需分運南京、西安，現以交通困難，請就平、渝兩地分派飛機輸送，以利即時補充。

參、討論事項

擬請將本廳兼辦之戰犯業務移交有關單位接管由（第二廳提）

理由：一、本廳人員縮減，原承辦戰犯業務之第八處裁汰，該項業務無法繼續兼辦。

二、處理戰犯基本工作業已就緒，今後僅為審理等法律技術問題，似應移執法機關辦理。

辦法：一、移請本部軍法處兼理。

二、由本部另成立戰犯處理組專理。

決議：

第二廳保留戰犯處理小組。

肆、指示事項

一、綏靖作戰檢討會議，主席指示各項，迭奉催報，各單位應在一週內將遵辦情形呈報，由總長辦公室彙呈。

二、現值軍事緊張之際，應作戰之要求，第四廳應配合第三廳工作，以求補給供應之適時適切，其注意者：

1. 攻勢作戰部隊，務要保持其機動力之發揮。
2. 守勢之部隊，其不需要之車輛、器材、彈藥，均可收繳撥用，不作戰時，可以著手初步整理。

三、收復區之資財，常為部隊封用，監察局及聯勤總部應隨時注意調查。

第三十九次參謀會報紀錄

時　　間　三十六年三月十日下午三時至五時

地　　點　國防部會議室

出席人員	國防次長	林　蔚　秦德純　劉士毅
	參謀次長	郭　懺　方　天
	總長辦公室	顏逍鵬　錢卓倫　張家閑
		張一為
	陸軍總部	林柏森
	空軍總部	周至柔（徐煥昇代）
	海軍總部	周憲章
	聯勤總部	趙桂森
	各廳局處	於　達　侯　騰　郭汝瑰
		楊業孔　劉勁持　錢昌祚
		鄧文儀（侯乃劍代）
		王開化（石凌生代）
		趙志垚　彭位仁
		吳　石　徐思平（鄭冰如代）
		晏勳甫　蔣經國（賈亦斌代）
		劉慕曾　陳春霖
	軍務局	毛景彪（傅亞夫代）
	中訓團	黃　杰（李亞芬代）
	首都衛戍司令部	湯恩伯（馮其昌代）
	憲兵司令部	張　鎮
	聯勤總部各單位	郗恩綏　吳仲直　楊繼曾
		吳麟孫　孫作人　柳際明

錢壽恒（劉振世代）

吳仲行

列席人員　運輸署　陳聲簧

主　　席　國防次長林代

紀　　錄　裴元俊

會報經過

壹、檢討上次會報實施程度

一、修正紀錄

預算局報告 1 項末句「財部」二字，修正為「財務署」。

二、總長辦公室報告：

綏靖作戰檢討會議，主席指示各項之呈復案，正由本室彙辦中，惟各單位呈出圖表大小形式不一致，如需另製時，擬請各單位協助。

貳、報告事項

一、情況報告（二廳侯代廳長）略

二、戰況報告（三廳郭廳長）略

三、海軍總部報告：

台灣暴動情況。

四、財務署報告：

(1) 二月份增加新給與經費，已於今日領到，所有應行配發各補給區之經費，亦已核算概數，於本日電匯，三月份應領之增加軍費，財政部允於本月二十五日以前設法籌撥。

⑵海、空兩總部，應領增加給與經費若干？請提前核算，由預算局核定通知，以便發給，所有本部各直屬廳局處，請先按原預算數百分之三十增領，統俟預算局核定後結算。

指示：

各單位有餘款者應飭其墊支。

五、運輸署報告：

⑴部隊運輸狀況（略）。

⑵新疆運輸狀況。

運輸最大困難在西北，平均每日有電報，運輸汽油、械、彈、糧等，常未得奉准即先行開支，在軍費墊支後請汽油等款，每一個人運輸到新需四十萬元，需款甚大。新亦計劃糧十萬包，以新兵二萬（湘北四千，甘肅一萬六千人），共5億6千4百，運無款，不運不可以，請示如何辦。

指示：

運送新疆新兵及糧食可分批專案簽請主席核示。

六、憲兵司令部報告：

憲兵運送台灣情形。

七、第四廳報告：

⑴美顧問團擬將天津彈藥一批運京，指定為教育訓練用，請準備倉庫，以為存儲。

⑵主席令交通部派熟練技工六十人隨部隊赴台，請運輸署為備船位。

八、第六廳報告：

請各部署主管研究業務人員於本星期三、四日來本廳與本人或主管人員商量研究計劃外匯數目及追加預算案。

九、兵役局報告：

各部隊急待新兵補充，現四川萬縣集中新兵一部，待船運送，因聯勤總部缺乏船隻，覆飭徒步開宜昌，查萬縣至宜昌計七百餘里，大部崇山竣嶺，行進困難，而全程無站，宿營給養均成嚴重問題，尤其是新兵，長途行軍，逃亡必多，此外重慶師區，亦迭次電稱第四補給區未予派船輸送新兵，擬請聯勤總部設法派船輸送萬、渝新兵，以利補充。

總長辦公室報告：

主席指示由第一廳、兵役局會研發交師管區實施。

參、討論事項（無）

肆、指示事項

一、實物預算已奉主席批准，並交行政院，惟如何配撥，尚無妥善之具體辦法，擬倣前軍糧稽核委員會方式，呈請行政院組織軍用物資配撥委員會，研究實施技術問題，除正式用文呈請行政院外，並由部長簽呈主席。

二、此次各單位整編，已有若干編制就緒，督導組應即迅速組織出發辦理安置。

三、調整待遇案，早經命令禁止公佈，惟各報仍有詳細披露，由新聞局、監察局負責澈查。

四、部長前日返部交查二事：

1. 傅作義部步兵重兵器已配足，惟步槍不敷，應查明補充。

2. 防寒服裝，傅部應為準備，布鞋每月需要一雙，方可敷用，請加研究。

五、軍務局電話告知，台灣現存日式步槍、子彈、手榴彈如不需用，可否於此次運部隊船隻返時帶回，請主管單位查明辦理。

六、倉庫之清理、統計與運用，主管單位應即研究辦理。

第四十次參謀會報紀錄

時　　間	三十六年三月十七日午後三時至五時	
地　　點	國防部會議室	
出席人員	國防次長	林　蔚　劉士毅　秦德純
	參謀次長	劉　斐　郭　懺　方　天
	總長辦公室	顏逍鵬　錢卓倫　車蕃如　張家閑
	陸軍總部	林柏森
	空軍總部	周至柔（羅英德代）
	海軍總部	周憲章
	聯勤總部	黃鎮球　黃　維　陳　良　趙桂森
	各廳局處	於　達　侯　騰　郭汝瑰　楊業孔　劉雲瀚　錢昌祚　鄧文儀（李樹衢代）　王開化　趙志垚　彭位仁　吳　石　徐思平　晏勳甫　蔣經國（賈亦斌代）　劉慕曾　陳春霖
	軍務局	毛景彪（傅亞夫代）
	中訓團	黃　杰（李及蘭代）
	首都衛戍司令部	湯恩伯（馮其昌代）
	憲兵司令部	張　鎮（吳天鶴代）
	聯勤總部各單位	郗恩綏　吳仲直　孫作人　柳際明　錢壽恒　吳仲行

主　　席　參謀次長劉代

紀　　錄　裴元俊

會報經過

壹、檢討上次會報實施程度

貳、報告事項

一、情況報告（二廳侯代廳長）略

二、戰況報告（三廳郭廳長）略

三、聯勤總部報告：

1. 照往年例，各部隊、機關、學校除發夏服外，京外將級主官、副主官、幕僚長及京市機關校尉級人員均另加發嗶嘰或卡其布等服料一套，今年擬仍發給。
2. 此次在平討論五、六兩補給區補給事，今年冬季防寒服裝本以往經驗，應於此刻開始辦理，否則趕辦不及，經決議呈准將各地庫存有非軍用品或不急需軍用物品，以以物易物方式換取寒服材料或依法標賣，以所得之款移作購料之用，現已專案呈請核示。
3. 建設最新式糧秣、被服兩廠，製造標準化軍品及造就人才，經與美方顧問研究多次，美顧問極願助成，關於設計及購辦機器等已由顧問協同辦理。

四、運輸署報告：

部隊運輸狀況（略）。

五、中訓團報告：

1. 軍官總隊限期三月底及四月半一體結束，惟查轉業、調撥、退（除）役等手續辦理遲緩，事實上恐不能如期完成。
2. 轉業軍官，文武比敘問題，應即確定辦法，否則辦理轉業甚感困難。

六、第一廳報告：

1. 派遣督導組案，已呈准撤銷，對編餘人員安置，授權各軍各總部處理。
2. 三十六年度軍政銓敘工作檢討會議軍方決議案三件（書面報告）。

七、第四廳報告：

呈請行政院設立軍用物資配撥委員會案，請指定單位主辦。

指示：

由徵購司主辦。

八、預算局報告：

1. 本（三）月十四日行政院開會審查本部三十六年度分配預算之各項決定（略）。
2. 二月份起調整待遇奉准追加之預算，自五月份起以人數計算核減。
3. 本部前定撥發經費辦法，茲經依據行政院核定分配預算案並顧及實際需要，訂定變通辦法，已通行在案，其要點如次：

甲、行政經費：

(1)海空軍部份，按實有官兵人數及現行給與核定每月應需數，由預算局通知財務署照發。

⑵陸軍部份，由預算局編製各級單位月份預算清冊交財務署撥發。

乙、物品補給經費：

⑴遵照行政院核定月份分配數，先發兩個月，由各業務單位具領支用，每屆月終將收支數目列表呈報參謀總長發交預算局核備。

⑵如有特殊需要，必須多領者，應專案報准。

⑶各單位所送物品補給預算由各主管單位作技術上之審核後，送部核定。

⑷由部逕行核定者，一方通知財務署撥款，一方通知各主管單位知照。

丙、一般業務費：

⑴陸軍部份之編餘官兵退役退伍費、徵募費、留學考察費、轉業訓練費、諜報費、傷病官兵處理費、埋葬費、其他臨時費，仍照以前規定由部統籌分配。

⑵陸軍部份其他各科目照物品補給經費規定辦理。

⑶海空軍部份各科目照物品補給經費規定辦理。

丁、建設事業費：

⑴國防科學研究費，另有規定。

⑵廠庫場站建設費支付預算，由工程署作技術上之審核後，逐案送部審定通知撥款。

4. 各單位在預算內所需外匯，請速列表送交本局辦理申請手續。

參、討論事項

為擬訂國防部及各總司令部宴會限制辦法案（聯勤總司令部提）

理由：查各單位宴會費用漫無限制，值此綏靖軍費維艱時期，不宜稍涉奢靡，前軍政部三十三年九月四日曾以卅三計預字第五〇六三二號代電規定各機關宴會用餐限制辦法施行在案，茲以為時過久，已難適用，謹擬具限制辦法，提請核決。

國防部宴會限制辦法

一、本部暨各總司令部首長因業務上需要舉行宴會，其範圍如下：

（一）國際交誼招待外賓

（二）舉行會議時之聚餐

（三）因業務上與有關機關長官聯誼之聚餐

二、宴會用餐之限制如左：

（一）中餐限定每席六菜一湯

（二）西餐限定議菜一湯，並不超過市價規定

（三）除招待外賓外，一律不用煙酒

三、宴會費用准在各單位特支費或常備金內開支，如不敷時始得專案報請發款。

四、各廳局署如有必要舉行聚餐時，准比照前項規定辦理。

五、本辦法呈准後施行。

決議：

宴會用餐，可不限制，宴會範圍由第二廳重擬，專案簽核。

肆、指示事項

一、軍官總隊已下命令限期於三月底及四月半分別結束，為使轉業、調撥、退（除）役等各項手續能辦理迅速計，應由第一廳主持，召集副官處、服役業務處、中訓團各有關單位組織聯合處理機構。

（1）分撥勞働局四百員（十七總隊），現奉令緩送，請查明。

（2）送北平 600，現待船，請速派船輸送。

（3）退役 2300 員，請速撥款（服役業務處）。

（4）總隊本身人員安置辦法應速規定發佈。

（5）徐州綏署編餘者有送總隊，查本年編餘不送總隊，應即查明。

二、實物補給案、為主席所最關切，目前以生活所需為最重要，主管單位應作通盤打算，經費如有不足，如何挪移運用，應有整個計劃。

附錄一

三十六年度軍政銓敘工作檢討會議軍方決議案六件（第一廳提）

一、分期釐定全國陸海空軍現役軍官佐之員額，實施任職任官兼劃分各級層管理人事權責，以期確實

控制官位員額之合理分配，與賞罰黜陟之適時公允，以提高國軍之素質士氣案

1. 本年度確定陸海空軍現役將軍之員額，並實施任官及舉辦官職之調整，凡定員以外之將官儘量退役除役，並於本年秋季定期任官以前分別辦妥。
2. 全國陸軍現役校尉官佐本年普遍實施任職並分區分期調查整理，製定現職錄及資序簿，凡編制定員及規定保留額外員額以外人員概予退役退職，除邊遠省分及特殊部隊外，期於本年內辦妥，如屬必要得部分任官。
3. 海空軍校尉官佐之任官任職，定本年秋季定期任官任職時全部辦妥。
4. 人事管理改為分層負責制，除官佐之任免晉升、員額之分配、服役勛賞及將官人事概由國防部辦理外，上校以下同階及之職務調轉授權陸海空軍聯勤各總司令部及其他人事掌理單位（例如綏署、陸大、整編師部等）分別負責辦理，但陸軍團長、海軍艦隊長、空軍大隊長以上特訂辦法辦理，其職掌劃分辦法另訂之。
5. 關於經歷調任及職期調任力求其實施。

二、擬訂軍用文職人員銓敘考選辦法案

1. 文職人員在軍事機關部隊學校服務者，一律適用文官銓敘法規，但在過渡期間得與軍官佐同等待遇，其比敘辦法修訂之。
2. 各軍事機關部隊學校所設文職人員之員額及官等，應依法分別規定於組織編制內，俾作銓敘

根據。

3. 國防部承辦文職人員之單位，應與銓敘部密切聯繫。
4. 本辦法實施時，現任軍用文職人員除已經文官銓敘或軍文登記核定等級者外，均應依照現任軍用文職人員登記條例辦法登記，於憲法實施前辦理完竣，並呈請國防最高委員會迅將復員整軍編餘軍用文職人員申請登記辦法草案早日核定交飭施行。
5. 根據上列原則修訂各項有關法規。

三、文武官制俸薪任用等應如何力求接近，以期流用易於得到標準案

原則通過，具體辦法交銓敘部、國防部洽商擬訂。

附錄二

案由：為台灣省警備總部請示空軍第廿二地區司令部拒不造送現職錄，請公決由（第一廳提）

說明：查前奉交台灣省警備總司令部卅五年戌銑代電略稱，「查本總部奉頒組織規程，有指揮全省陸海空軍之權，為明瞭駐台各部隊機關官佐人事情形，俾指揮確切起見，經分飭各有關單位造送官佐現職錄，除陸海軍各部已造送外，惟空軍第廿二地區司令部拒不造送，電請核示一案」，當經移空軍總司令部核議，茲准函復「空軍為國防軍之一種，與陸海軍各為一體，其駐外單位不受任何空軍以外單位之指揮，台灣警

備總司令部係一地方治安機關，何能指揮本軍駐在該地之單位，該總部令第廿二地區司令部造報現職錄，有破壞本軍人事行政權」等語，台灣省警備總司令部究有無指揮空軍之權，空軍駐台單位應否向台灣警備總部造送現職，敬請公決

奉諭本案不提。

第四十一次參謀會報紀錄

時　　間　三十六年三月二十四日午後三時至五時

地　　點　國防部會議室

出席人員	國防次長	林　蔚　秦德純　劉士毅
	參謀次長	劉　斐　郭　懺　方　天
	總長辦公室	顏逍鵬　錢卓倫　車蕃如
		張家閑　張一為
	陸軍總部	林柏森
	空軍總部	周至柔（徐煥昇代）
	海軍總部	周憲章
	聯勤總部	黃　維　陳　良　趙桂森
	各廳局處	於　達　侯　騰　郭汝瑰
		楊業孔　劉雲瀚　錢昌祚
		鄧文儀（李樹衢代）
		王開化　趙志垚
		彭位仁　徐思平（鄭冰如代）
		晏勳甫　蔣經國（賈亦斌代）
		劉慕曾　陳春霖
	軍務局	毛景彪（傅亞夫代）
	中訓團	黃　杰
	首都衛戍司令部	湯恩伯（馮其昌代）
	聯勤總部各單位	郗恩綏　吳仲直　洪士奇
		孫作人　柳際明　吳仲行
		錢壽恒

主席：總長陳

紀錄：裴元俊

會報經過

壹、檢討上次會報實施程度

一、修正紀錄：

討論事項決議：修正為「宴會範圍，國際交誼部份，由第二廳重擬，餘由特勤處擬辦，專案簽核。」

二、中訓團報告：

各軍官總隊結束計劃，已會同第一廳擬就，分期結束。

三、第一廳報告：

1. 軍官總隊結束案，已由第一廳主持，召集有關各單位會商，擬就結束計劃。
2. 復員轉業軍官文武比敘問題，正與各部會商中。

中訓團報告：

復員軍官，由武官轉任文官，過渡期間必須有一標準，原轉業警官所定標準，可供參考。

總長指示：

各軍官總隊，仍照原規定時間結束為原則，如因特殊事故，不能按時結束者，應呈准，始可延期，結束各項問題，再由林次長召集有關單位會商處理。

貳、報告事項

一、情況報告（二廳侯代廳長）略

二、戰況報告（三廳郭廳長）略

三、空軍總部報告：

空軍戰果，所報數字，恐不正確，希望每次會戰後，由部令飭前方地面部隊，代為切實調查證明，隨時通報空軍總部，藉作本部戰術戰鬥方法改進之依據。

四、海軍總部報告：

1. 十九日永翔艦在渤海捕獲由大連開煙台匪輪三艘，內載機器及乘客，現正拖往秦皇島處理中。
2. 蘇聯大使館二月八日致我外交部照會稱：「蘇聯 1342 號拖輪連同駁船一艘，在老鐵山附近被中國兩軍艦開炮阻止行駛，關於此項不法行為希望中國加以注意，並採取相當步驟調查此種事件，懲辦過失人員，並防止將來發生類似事件。」等由，本部正調查中。

（查該兩艦當係美朋、美益兩登陸艦）

總長指示：

1. 調查報告呈閱後，再復外交部。
2. 水上警備總隊，不能撤銷。

五、聯勤總部報告：

糧服籌備困難情形。

1. 奉主席手令，每兩月給與靴、襪各一雙，每月一雙草鞋（價值有高低），以傳作義報，每雙鞋一萬五千元，草鞋一雙一千二百元，襪子每雙一千八百元，每人一年共十五萬元。全國共約四千六百億，以全國全年服裝全數經費三千八百八十億，尚差數百億。

（鞋每雙最少壹萬元，勉強能穿，自做五千元，上海膠鞋每雙八千元，運費綏遠壹萬五千元，布鞋如以綏遠為標準，四百萬人年需四千六百億，照一般價每雙八千元，年需三千二百億，現全年服裝費共三千八百八十億。）

2. 閻長官部今年夏服問題，已將北平存布運去。

3. 去年冬季防寒服裝，劉司令墊七億流通券。

4. 豆類可以辦到發現。

5. 軍糧仍在困難中。

總長指示：

1. 籌辦鞋襪應擬計劃呈閱。

2. 發給副食、豆類，應統籌計劃，分期實施，與軍糧同時發給現品。

六、運輸署報告：

部隊運輸狀況（略）。

七、中訓團報告：

1. 軍官團學員副食費如何發給？請示！

2. 上海、武漢、重慶轉業行政人員訓練班均於本（三）月畢業，待命分發。

	人數	畢業日期
上海	1266	三月二十日
武漢	1842	三月二十八日
重慶	1593	三月廿八日

3. 上海分團營房水電費，因公費不夠，及設備不良，拖欠甚鉅，且多浪費，擬請聯勤總部核發專款，及改良設備。

總長指示：

1. 軍官團副食與聯勤總部商辦。

2. 上海分團水電由聯勤總部查明辦理。

八、第一廳報告：

1. 民權會戰勳獎已派劉副廳長商承顧總司令辦理，上次東北方面戰役勳獎，已請東北行轅代授，此次延安戰役，亦應賞勳，但戰績如何，尚未得三廳通報，此後為考核戰績起見，第一廳擬請參加作戰會報。

2. 保薦武官，向由第三廳主管，但自人事業務職掌劃分辦法公佈後，本部各廳人事，應統由第一廳承辦，昨日會報時業奉總長指示，應由第一廳承辦，特提出報告。

九、第二廳報告：

美武官通知，美國送軍調部及軍統局人員勛章，請不在報紙發表。

總長指示：

禁止發表。

十、第四廳報告：

辦公用品及副食實物補給案，已擬就計劃，日內可呈出。

十一、新聞局報告：

延安收復後，平津及京市記者請赴延安參觀，可否派飛機輸送，並由中宣部、新聞局、第二廳派員會同籌辦。

總長指示：

延安飛機場被匪破壞，須稍俟時日，始可修理竣事。

十二、預算局報告：

三十六年送美留學人數已奉主席核准，惟經費行政院需在本部經費內扣除，查本部三十六年留學經費有限，尚不敷此次核准人數之所需，擬俟調查各單位現在國外留學人員所需外匯後再議。

總長指示：

送國外留學要嚴格考察其品格、學術、年齡，由第一廳、監察局負責考核。

參、討論事項（無）

肆、指示事項

一、撫卹處應再登報切實調查陣亡將士，予以撫卹。

二、湘西軍械庫、兵工廠，聞有盜賣軍品情事，應即查明，各庫（廠）現存軍品應視需要情形，擬具存運計劃，迅予處理。

三、史料局蒐集史料，應注意對國防及軍事有關者，始予徵集，範圍不能太廣泛。

四、兵役局對於兵員充實應擬訂計劃。

五、今年全國官兵服裝發給應一致，京市不能例外加發服料。

六、龍潭附近寶華山駐兵將附近所種樹木任意砍伐，監察局即查明辦理。

附錄

一、案由：擬請陸海空軍及聯勤總部蒐集補給方面各種法令規章及申請、領發、解運、收存等書證表單，以及所屬各級機關、部隊、學校、後勤業務例報圖表冊格式，分類檢討修訂詳註後呈送本部，俾與美方顧問逐一研究，切合現行補給制度，簡劃統一頒行，使節省時間，減少手續，以利補給效率案（第四廳提）

二、理由：

（一）中央軍事機構改制，陸海空軍補給機構系統與辦法均有變更，補給程序與前頒之補給法令規章以及申請、領發、解運、收存等各表格與手續自有不甚適宜者，實有重訂簡化劃一之必要。

（二）各級機關部隊，後勤方面之對上例報表，種類格式不一，內容常有差異，亦亟應檢討統一規定，以期劃一簡化。

三、辦法：請各總部於五月底以前蒐集分類整理，擬訂就緒呈送本部，期於八月底以前訂定頒行。

奉諭不提。

第四十二次參謀會報紀錄

時　　間　三十六年三月三十一日下午三時至五時

地　　點　國防部會議室

出席人員	國防次長	林　蔚　劉士毅　秦德純
	參謀次長	劉　斐　郭　懺　方　天
	總長辦公室	錢卓倫　顏逍鵬　車蕃如
		張家閑　張一為
	陸軍總部	林柏森
	空軍總部	毛瀛初
	海軍總部	周憲章
	聯勤總部	黃鎮球　陳　良　趙桂森
	各廳局處	於　達（劉祖舜代）
		侯　騰　郭汝瑰　楊業孔
		劉雲瀚　錢昌祚
		鄧文儀（李樹衢代）
		王開化　趙志垚　彭位仁
		吳　石（戴高翔代）
		徐思平（鄭冰如代）
		杜心如（黃香蕃代）
		蔣經國（賈亦斌代）
		劉慕曾　陳春霖
	中訓團	黃　杰（李及蘭代）
	首都衛戍司令部	馮其昌
	憲兵司令部	張　鎮
	聯勤總部各單位	向軍次　吳仲直　楊繼曾

吳麟孫　柳際明　錢壽恒

吳仲行

主　　席　總長陳

紀　　錄　裴元俊

會報經過

壹、檢討上次會報實施程度

一、林次長報告：

各軍官總隊結束詳細辦法，已召集有關單位討論，呈總長核示中。

二、海軍總部報告：

水上警備總隊奉諭與第三廳洽辦，經洽定，完整船艇保留，損壞不能修復船艇報廢，或撥歸其他部隊。

三、第三廳報告：

盛參謀長電話，中外記者應早去延安參觀，否則戰爭痕跡已經消逝。

總長指示：

由第二廳、新聞局、空軍總部聯絡妥當後通知中宣部。

貳、報告事項

一、情況報告（二廳侯代廳長）略

二、戰況報告（三廳郭廳長）略

三、聯勤總部陳副總司令報告：

1. 奉令二十八日赴武漢採購黃豆，二十九日召集有關人士會議，調查結果，武漢三鎮、鄂省境內及平漢路中段共可採購黃豆二萬袋，組採購委員會辦理，由武漢行轅參謀長任主任委員，其餘有關各單位任委員。

2. 查武漢一帶倉庫所存各種廢品，決定由採購委員會兼辦處理事宜。

四、第四廳報告：

本廳各處輪流赴前方視察，短期內即可出發。

總長指示：

應實地出發，不必先呈書面

參、討論事項（無）

肆、指示事項

一、糧食除戰鬥序列部隊及正規軍事機關學校與軍官總隊外，昨經核准，不得擅發，並將應發給單位由聯勤總部會同第一、三、四、五廳及新聞局、監察局、預算局負責造冊送核。

二、主席手令：速運罐頭食品到陝北犒賞部隊，士兵應每人發一罐，由聯勤總部計劃辦理。

三、第四廳對部隊實物補給，應負責詳細計劃，凡官兵衣食住行，生活之所需，務依一定標準給與，並應考察實施是否適時適切，研究改進之，新聞局亦應調查士兵生活情況，隨時報告。

四、士兵鞋子，以主席名義電各省發動人民代做，凡大都市應多做，並酌給布料及少數工資，破布破衣可作鞋底，由聯勤總部辦理。

五、東北軍官總隊，佔駐滸墅關蠶種場，應即遷讓，近來軍官總隊風紀極不良，監察局及憲兵司令部應負責查辦。

六、美軍眷屬住宅問題，由工程署與勵志社商洽辦理。

七、本部各級職員眷屬住宅，仍應設法解決，由聯勤總部研究辦理。

八、本部各種會報時間太多，應即調整減少次數與參加人員，由林次長研究規定，又聯合紀念週除規定月初一次外，如有事故需要普通宣佈，可隨時召集舉行。

1. 部務會報、政策決定，似可由次長參加，隨時召集，以上規定每週或兩週一次，各總司令。
2. 參謀會報，亦可減少人員，每週一次，合總務。
3. 作戰會報，人員更減少，各總司令參加，隨時通知。

第四十三次參謀會報紀錄

時　　間　三十六年四月十四日下午三時至五時

地　　點　國防部會議室

出席人員　國防次長　　林　蔚

　　　　　參謀次長　　劉　斐　郭　懺　方　天

　　　　　總長辦公室　錢卓倫　顏逍鵬

　　　　　陸軍總部　　李申元

　　　　　空軍總部　　徐煥昇

　　　　　海軍總部　　桂永清　周憲章

　　　　　聯勤總部　　黃鎮球　趙桂森

　　　　　各廳　　　　於　達（劉祖舜代）

　　　　　　　　　　　侯　騰　郭汝瑰　楊業孔

　　　　　　　　　　　劉雲瀚　錢昌祚

　　　　　中訓團　　　黃　杰（李及蘭代）

主　　席　參謀次長劉代

紀　　錄　裴元俊

會報經過

壹、檢討上次會報實施程度

貳、報告事項

一、情況報告（二廳侯代廳長）略

二、戰況報告（三廳郭廳長）略

三、空軍總部報告：

　　臨沂方面敵情報告（略）。

四、海軍總部報告：

1. 北巡艦隊本（四）月九日在威海衛附近俘獲匪船二艘約六十噸，擬拖往青島處置，如遇風，擬予鑿沉。
2. 第六砲艇隊在大鵬灣附近獲匪船一艘約七十噸，已交該鄉聯保處保管，第一砲艇隊在青島附近截獲匪巨型帆船一艘，俘獲有步機槍及子彈等軍品。
3. 廟島問題（略）。
4. 溫州洋面土匪，現已計劃肅清，為使進行不受牽制計，浙江水巡隊擬請暫予撤銷。

指示：

浙江水巡隊問題，用書面報告憑核。

五、第六廳報告：

1. 本廳奉令統領分發彙轉國防科學研究費，已擬就研究費支報辦法，及研究支報範圍，送由預算財務會議修正通過，由法規司辦公佈手續。
2. 海城鈾礦，礦苗甚貧，本廳因採勘預算有限，擬簽請緩辦，惟此事中央研究院、經濟部、資源委員會各單位，俱曾奉令研辦此事，應否由本廳召集上述關係單位決議後，再簽報請示。

指示：

可先向各單位洽議。

3. 美顧問建議謂：聯勤各署之技術委員會，應由陸海空軍總部及聯勤其他關係署參加，以增橫的聯繫，此事應否由第六廳簽報交五廳核議，或向聯勤總部送洽請示。

黃總司令答復：

由六廳逕向各署洽辦。

指示：

中國工業科學落後，欲如英美之依賴民間研究成績利用，目前難得成效，可參考日本自訓辦法，加強技術幹部之訓練。

參、討論事項（無）

肆、指示事項

一、以後海軍俘獲匪船，第二廳應即派員審問俘獲匪方人員，此類情報資料有極大價值。

二、部隊機動力之發揮為達成戰勝之主要條件，有關單位應注意研究，如何使部隊保持戰鬥之韌性，而能有高度之機動力。

【以下指示事項於速紀錄有錄，但正式紀錄無】

1. 東北補充應特別注意：
   - a. 戰鬥兵減少，武器器材之數量。
   - b. 匪素質提高及裝備加強情形及我軍損失之加多，二、三廳應注意研究，並調查比較。

3. 廟島佔領問題與三廳加以研究後簽呈主席。

5. 三、四廳：為使剿匪迅速計，戰鬥力之提高，戰鬥力內之火力不成問題，而機動力則頗不好，不能施行戰略術上追擊，致不能獲良好戰果，機動力之條件，編制亦有關係，戰略單位之決定應視地形及裝備而定，5A、11D 部隊大，車輛亦多，每日只能走一、二十里，只有防，攻則打不到匪，隨戰況之發展，改編制似非其時，後勤到前方視察，則有二端，一全無輜重能迅速行進，惟應視其是否有攜行彈藥，一則將兵站全帶，究應如何規定，不合理之情況找出原因。

石家莊一開始作戰即無彈藥，應糾正此風氣。

6. 梁邱山地圍剿，土匪突圍，應檢討原因，以為爾後之不協同之改進。

第四十四次參謀會報紀錄

時　　間　三十六年五月三日下午三時至六時

地　　點　國防部會議室

出席人員　國防次長　　林　蔚

參謀次長　　郭　懺

總長辦公室　錢卓倫　顏逍鵬

軍務局　　　毛景彪

陸軍總部　　林柏森

空軍總部　　周至柔（徐煥昇代）

海軍總部　　桂永清　周憲章

聯勤總部　　黃鎮球　趙桂森

各廳局處　　於　達　侯　騰

郭汝瑰（王　鎮代）

楊業孔（洪懋祥代）

劉雲瀚　錢昌祚

中訓團　　　黃　杰

主　　席　國防次長林代

紀　　錄　裴元俊

會報經過

壹、檢討上次會報實施程度

貳、報告事項

一、情況報告（二廳侯代廳長）略

二、戰況報告（三廳王副廳長）略

三、軍務局報告：

1. 簽請主席核示案件，請照以前規定辦理，其要點如下：

⑴同一性質之案，列為一表，不必零星呈報。

⑵力求簡單明瞭。

⑶凡有關之資料，應予以所要之註明。（如「奉某某電核示在案」，應注明簡單事由，始可明白。）

2. 不必呈主席核閱之件，為使與軍務局業務上連繫起見，請以副稿或代電直送軍務局（不必寫轉呈主席）。

3. 有關軍政上之案件，如已分報行政院，請予說明。

4. 最近保密局拿到詳細地圖，甚為清晰。

指示：

各項均照辦，由總長辦公室通報各單位。

四、總長辦公室報告：

1. 參謀會報第三十次至四十次業務檢討表，今日印發，請各單位帶回自行檢討。

2. 月初紀念週已廢止，以後擬改為朝會或月會，俟請示後決定。

五、空軍總部報告：

1. 永年空投濟運案（略）。

近接來電謂糧未投著，要求每月投，如應其要求，則每日應有 11 架，飛機少，補給基地變換之故，永年守軍四千餘，人民數萬，匪不攻擊，大有防範我空軍力量之嫌。（永年一地之空投濟運自開始迄今已派空運機 1305 架次，作戰掩護機 650 架次，耗去飛行鐘點 3350 小時，汽油 420000 加侖，子彈 850000 發，如此長期消耗，似應有重作檢討之必要。）

2. 邇來請求空運者甚多，擬請嚴加審核。（自卅六年三月十五日起迄今，奉國防部飭辦及逕由各戰區請求之空運案件廿二次中，共計待運量待 4200 餘噸，本部以兵力日漸消弱，能辦者均已遵辦，餘多無法實施，嗣後請鈞部對空運之申請加嚴審核。）

3. 本部存華西區一部份能用器材，近以空運陸軍部隊，迄未運出，希聯勤總部派專車協運。

聯勤總部答復：

請將必需急運品擬送，以便計劃辦理。

指示：

1. 永年問題，由三廳研究簽呈總長核示。

2. 空運案，第四廳應嚴格審查。

六、海軍總部報告：

本部改組後，各單位人員多不熟習，為使業務聯繫便利計，擬請於總長返部後，召集處長以上人員講話，並利用此機，使各單位有業務關聯人員，互相認識，爾後並望常有聚會，使彼此能見面交換意見。

指示：副官處研究辦理。

七、聯勤總部報告：

1. 軍糧配額與人數不符，本部現編制為四百萬人，其他如收編部隊、交警總隊、傷病兵、軍事囚犯、軍需工廠、東北參戰保安團隊等，未在核定之內，但仍需發糧，故實際溢出約五十萬人，目前核實工作，不易確實，且尚有若干統計表已減列之人數，仍需領糧，如退役（職）人員未離隊前，尚支用一、二月，亦屬常事，其次食糧必有損耗，不能絲絲入扣，現各地補給區司令、供應局長、兵站總監等來京，請求按編制發給，不能折扣配撥，事關軍食，應請示辦法。
2. 擬請召集有關單位會議，決定下半年人數，以便籌辦所需糧服物品。

指示：

1. 應呈報主席及行政院，本部編制雖已減至四百萬人，但編制以外，尚有若干需糧單位，請求發給。（由聯勤總部擬稿，會有關各廳。）
2. 下半年人數問題，俟增加編制決定後，由五廳確實計算。

海軍總部報告：

海軍工廠工人，請求發給軍糧一案，尚在請求核示中，惟查海軍工廠，分能自給與不能自給兩類，能自給者，尚可增加工價，以資調濟，其不能自給者，若不發軍糧，勢將無法維持，擬請按照軍需工廠工人同樣辦法，發給軍糧。

指示：

由第四廳擬具辦法，規定何種工人，應發軍糧，俾資核定。

八、中訓團報告：

1. 聯勤總部曾於四月份通令全國各總隊停發薪糧，無錫十七總隊，曾登報擬聯合各總隊學員來京請願，本團得悉後，已派員制止，並請示黃總司令繼續發給薪糧。
2. 留用及待轉業隊員，仍請配發夏服。（約五萬人）

指示：

儘量辦理離隊，留用及待轉業者，核發夏服。

九、第一廳報告：

第一廳、副官處撥交陸軍總部人員，暫留第一廳服務者，其薪糧福利品，五月份起，即由陸軍總部領發；但撥交聯勤總部，暫留第一廳服務者，五月份由第一廳代為領發，六月份以後，由聯勤總部領發。

參、討論事項

為眷糧籌補辦法兩項奉總長批示「提會」等因，究以何項辦法為妥，請公決案（聯勤總部提）

辦理經過：查五十萬人軍眷糧早奉主席核准，令飭糧食部籌撥，但糧時部輾轉請示行政院，於最近始奉院令指示：「五十萬人眷糧全年共需 142 萬 5000 大包，核定浙、閩、贛、粵、桂、黔等六省及川西各地餘糧 14 萬 5350 大包就地配撥現品，江西臨川、贛縣、樟樹、婺源四地存糧 17 萬大包交由國防部接收運濟，其餘 110 萬 9650 大包，按每大包 8 萬元計算，共折價款 887 億 7200 萬元，由國庫逕發國防部折發代金」，此項辦法執行困難，謹分陳如左：

一、眷糧 110 萬 9650 大包，按每大包8 萬元折發代金，依目前糧價，江南各省約相差三分之一，華北及東北各省糧源缺乏，價格更高，相差一倍以上，事實不能購到。

二、臨川、贛縣、樟樹、婺源四地存糧 17 萬大包，因交通困難，歷年餘糧俱不能運出，無法利用

三、浙、閩、贛、粵、桂、黔六省及川西各地餘糧 14 萬 5350 大包就地配撥現品，與當地眷糧人數供需不能相應（因該方部隊少，需要眷糧不多）。

辦法：甲項　軍糧眷糧統籌補給

一、查五至九月份四百萬人軍糧在華北、東北前方作戰省區，配撥從寬，所需眷糧擬就軍糧配額內統籌補給，江南後方各省區配撥緊縮，糧價較低，擬就院撥眷糧代金就地購辦，撥補軍糧、眷糧以資挹注。

二、贛省配撥之 17 萬大包無法運出，擬呈行政院飭由糧食部改地撥交或折發代金。

三、各地糧價普遍趨漲，擬請行政院將全部眷糧代金按市價酌予提高，並一次撥發，一次收購，並責成各補給機關會同田糧機關統籌購辦，如將來價格發生差額，據實報請行政院核銷。

四、除京、滬、新疆眷糧及各地海、空軍眷糧已補給外，其餘全國各地陸軍眷糧，究自五月一日發給，抑自三十五年十月一日起補發，如自十月一日起補發，則現有糧款不敷甚鉅。

乙項　眷糧擬照院令每包八萬元代金轉發

查軍眷糧五十萬人，院令規定以代金為主，係因當時軍糧按五百萬人籌撥，為顧慮糧源問題，故予核定代金，茲軍糧自五月份起已減列一百萬人，改按四百萬人籌配，糧源已較寬裕，為解除攜眷官兵生活困苦，自應全部配發現品，惟糧食部堅持遵照院令指示辦法辦理，幾經婉商，迄無結果，是否即照院令指示，浙、閩、贛、粵、桂、黔及川西發給現品，其餘各地按每包八萬元代金轉發。

以上所擬甲、乙兩案，敬提請公決。

決議：

除京滬區及海空軍仍發現品外，其餘自五月份起，以發給代金為原則。

肆、指示事項

一、追加預算程序已改訂，以後由本部呈行政院在政務會議通過，再呈國務會議議決後，始可下令支付撥款，今後再無緊急支付命令辦法，希望各單位最好不追加，編擬預算時，應詳密計算，必需追加者，應提早辦理，始可適合機宜。

二、美國向我國清算租借物資，及剩餘物資，與代墊款項各賬目，應請部長召集有關人員開會，惟各單位應速準備提供資料。

三、眷糧發給辦法，由第四廳召有關各單位會商擬定。明天上午九時在四廳開會研究發給眷糧標準，四總部派人參加。

第四十五次參謀會報紀錄

時　　間　三十六年五月十七日午後三時至五時
地　　點　國防部會議室
出席人員　國防次長　　林　蔚
　　　　　參謀次長　　劉　斐　郭　懺　方　天
　　　　　總長辦公室　錢卓倫　顏逍鵬
　　　　　陸軍總部　　林柏森
　　　　　海軍總部　　桂永清　周憲章
　　　　　空軍總部　　周至柔
　　　　　聯勤總部　　黃鎮球　趙桂森
　　　　　各廳處　　　於　達　侯　騰　郭汝瑰
　　　　　　　　　　　楊業孔　劉雲瀚　錢昌祚
　　　　　　　　　　　陳春霖　錢壽恒（劉振世代）
　　　　　軍務局　　　毛景彪
　　　　　中訓團　　　黃　杰（李及蘭代）
主　　席　參謀次長劉代
紀　　錄　裴元俊

會報經過

壹、檢討上次會報實施程度

貳、報告事項

一、情況報告（二廳侯代廳長）略

二、戰況報告（三廳郭廳長）略

三、海軍總部報告：

封鎖計劃，已奉准實施，此後應如何通知各項船隻，不再開入封鎖區內，請示！

指示：

與三廳研究辦理。

四、第一廳報告：

軍官總（大）隊大部已結束，現尚有二十八個單位，經召集有關各單位決定，派出四個考察組，督促辦理結束，組長由監察局派出。

五、第四廳報告：

奉准撥交湯兵團汽車一百五十輛，據報稱：尚為收到，擬請聯勤總部查明辦理。

六、第五廳報告：

奉主席代電指示，軍官團應改善事項。（略）

七、第六廳報告：

查軍用技術人員技術加薪之意義，大抵因文武待遇相差，技術人員文武機關可以通用，故酌予加薪使趨平衡，惟四月份以前，一、二區之加薪數，與同等文職人員待遇相較低落已多，曾由一、六廳會呈另擬加薪表，呈請核示中，現自五月份起調整給與，則此項加薪，擬請統籌調整，可否以「補助與同等文職人員薪給差數」之原則，由財務署核擬，請示！

指示：

將所擬辦法送預算局。

參、討論事項

目前圖庫存圖有限，應請指撥專款補印，及節省使用案（第三廳提）

理由：查值茲綏靖時期，前方各部隊需圖應用甚急，而測量局所屬各圖站存圖已極有限，亟待補充，在本年四月以前印圖俱係利用接收日本圖紙，故尚不感覺困難，惟目前該項接收紙料經已用罄，今後補印因測量局經費有限（該局本（卅六）年度業務費八億元，材料費五億元，印刷費僅佔五千餘萬元），勢非另撥專款不可，以四月份物價估計，五萬分一地圖每張需材料費（紙張、油墨、印刷、雜料等）五百元，似此物料昂貴情形，如欲大量補充勢不可能，故特提請各單位共體時艱，對於使用地圖務求盡量節省，庶免供應中斷。

附註：關於綏靖區域補充地圖種類（1/5 萬、1/10 萬、1/30 萬）數量，本廳現正與測量局會簽中，共約補印四、二〇〇、〇〇〇張，需款廿一億餘。

辦法：（一）關於補印地圖所需款項，請迅速發給，俾得早日補充。

（二）今後各單位領用地圖，應力求節省使用。

決議：

1. 聯勤總部查明所存圖紙，交測量局應用，此外尚應需款項，由預算局核辦。
2. 各單位領用地圖應力求節省使用。

肆、指示事項

屬於外交、內政或邊疆案件，均與行政院有關，應經過國防部本部，惟此種文件，一為完全由部長負責者，一為由參謀本部計劃辦理之件再由部長呈出者，希各單位注意。

第四十六次參謀會報紀錄

時　　間　三十六年五月三十一日午後三時至五時

地　　點　國防部會議室

出席人員　國防次長　林　蔚

參謀次長　劉　斐　郭　懺　方　天

總長辦公室　錢卓倫　顏逍鵬

陸軍總部　林柏森

海軍總部　周憲章

空軍總部　周至柔　徐煥昇

聯勤總部　黃鎮球　趙桂森

各廳處　於　達（劉祖舜代）

鄭介民（張炎元代）

羅澤闓　楊業孔

劉雲瀚　錢昌祚（龔　愚代）

陳春霖　錢壽恒

中訓團　黃　杰（李及蘭代）

主　　席　參謀總長陳

紀　　錄　裴元俊

會報經過

壹、檢討上次會報實施程度

一、指示

第一廳速令各軍官總隊願意擔任剿匪工作派前方。

（郭次長報告）

二、二廳

東北匪廿九萬，強 15 萬，弱 14 萬，分佈遼、魯 19 萬。

貳、報告事項

一、情況報告（二廳張副廳長）略

二、戰況報告（三廳羅廳長）略

三、空軍總部報告：

1. 上海、北平、西安等地機場，警衛兵力均已調去，部令空軍自行負責，空軍無力防守，希望重加檢討。
2. 奸匪空軍情報，過去均不確實，請特加注意。
3. 空軍使用情形。

   去年七月開始，－三月 2000 次，－四月 4000 次，如此消耗於空軍損耗至大，擬請注意使用空投。
4. 顧總司令請增加安陽空投案。

總長指示：

1. 機場必須保持警衛兵力，三廳注意檢討。
2. 二項第二廳注意。
3. 永年問題，第三廳速研究簽辦。

四、海軍總部報告：

1. 桂代總司令現在天津視察，準備即乘永順艦赴秦皇島、葫蘆島視察。
2. 永泰、永勝兩艦工作情形（略）。
3. 六月一日起西南沙群島開始氣象廣播，擬正式宣告中外船隻。

4. 西沙群島於二十一、二十四、二十六、二十八日連續發現灰白色飛機，由東北向西南高空飛過，國籍不能辨明。
5. 蘇北射陽河，有匪船一千餘隻，將運糧出海，海軍截剿情形（略）。

總長指示：應設法嚴格封鎖。

五、中訓團報告：

將官班及各軍官大隊結束日期，請指示！

總長指示：

由林次長即日召集第一廳、中訓團等有關單位會商解決，留用人員，可酌派前方服務，並可將各大隊酌予分配各綏署直接管理。

六、第四廳報告：

安陽所需空投飛機情形。

安陽糧彈每日使用二機，不敷使用，應需五機，如永年不投，仍不敷用，擬請日派五機。（每日投送三次要三架，永年停止則可抽出一架）（安陽投濟 103 架次、187 噸重）

七、第六廳報告：

與荷蘭大使接洽電信器材情形。

荷蘭武官言無線電可助我國，非力浦廠曾派人接頭，戰時曾送有兩用無線電報話機及各種電信器材與雷達，擬與我合作，請示是否可以研究。

總長指示：

緩辦。

參、討論事項（無）

肆、指示事項

一、第二廳今後工作應側重戰場情報，注意情報信用之樹立，對各種情報應詳加研究，始可呈出，並不必作硬性之判斷，各情報組所獲情報，可即呈當地高級長官，以便就近處置。

二、軍官總（大）隊隊員，願意赴前方者，可通令派遣服務。

三、軍官團應增加空軍講話，俾增高各部對陸空協同之認識。

四、本部擔任軍官團訓話人員，對訓話內容，應注意言論一致，以達成教育之預期目的。

五、徐州缺糧，應速謀解決辦法。

六、東北盤山農場，聞可增產大米十萬大包，請求增加經費，主管單位，應即查明簽辦，關於該場辦理情形，應派員視察。

七、待遇調整案，應從速擬辦。

八、本部成立已一週年，凡各種重要工作，可以使社會人士明瞭者，例如國防部組織與軍委會之比較、國防部長與參謀總長之職責、官兵軍風紀與待遇問題、地方團隊裝備待遇問題、整編情形等，可斟酌編擬發表。

附錄一

案由：口信（口令信號識別旗）業務非本廳執掌，擬

移由聯勤總部通信署辦理由（第二廳提）

理由：查本廳技術研究室之主要業務係負密碼保密、密碼偵譯及軍電管理之職責，此項口信與該室業務並無關係

辦法：查聯勤總部通信署執掌規定「2. 監督關於通信保密及密碼暗號之工作與裝備事項；5. 調整並創制國軍通信器材通信方法」。上項口信業務擬移由聯勤總務通信署辦理。

未提交，另專案簽核。

附錄二

案由：為江寧要塞區內獅子山及四望山附近營房雜居海軍、聯勤總部所屬單位，擬請仍令即行遷讓，交該要塞居住由（第三廳提）

理由：（一）按「要塞堡壘地帶法」，獅子山及四望山附近營房應屬該要塞。

（二）前經提會報裁決，先撥第三區交該要塞應用，其餘各區將來再行撥還，並經承辦總長（卅五）申文戰謀塞字第三四三二號代電飭令在卷。

（三）現第三區營房業被波及焚燬，故該要塞官兵無處居住，為以後安全計，復承辦總長（卅六）辰江鄖勝畏自第三五三號代電飭令海軍、聯勤二總部轉飭即行遷出。

（四）茲海軍、聯勤二總部仍請暫緩遷讓，究應如何，提請裁決。

辦法：第三區既被焚燬，其他各區為安全計，擬請限令即行撥還，以供該要塞官兵遷住為宜。

第四十七次參謀會報紀錄

時間：三十六年六月十四日下午三時至六時三十分

地點：國防部會議室

出席人員：國防次長　林　蔚
參謀次長　黃鎮球　方　天
總長辦公室　錢卓倫　顏逍鵬
陸軍總部　林柏森
海軍總部　桂永清　周憲章
空軍總部　周至柔（毛瀛初代）
聯勤總部　郭　懺　陳　良　趙桂森
各廳處　於　達（劉祖舜代）
侯　騰　羅澤闓　楊業孔
劉雲瀚　錢昌祚　陳春霖
錢壽恒
中訓團　黃　杰（李及蘭代）
軍務局　毛景彪

列席人員　郗恩綏　吳麟孫　鄭　澤　紀萬德
孫作人　吳作人　吳仲直
楊繼曾（童致誠代）

主　席　參謀總長陳

紀　錄　裴元俊

會報經過

壹、檢討上次會報實施程度

貳、報告事項

一、情況報告（二廳侯代廳長）略

二、戰況報告（三廳羅廳長）略

三、空軍總部報告：

1. 安陽機場已可降落，回程兼運傷兵，如搭運其他人員，為防止弊端，擬請國防部規定搭乘人員辦法及標準。
2. 濟南空軍所需油料，擬請由聯勤總部車運廿萬加侖。

總長指示：

1. 安陽回程機位，除運重傷兵外，學生亦可載運，由四廳擬辦。
2. 與聯勤總部洽辦。

四、海軍總部報告：

1. 視察天津、塘沽、秦皇島、葫蘆島情形。

   上月廿九日到津，卅日到塘沽視察，天津新港人員不安定，恐受匪襲，擬請加強綏靖工作。

   秦皇島匪共並未由海登陸，惟近日兵力不敷。

   葫蘆島安靜，惟所屯彈藥器材甚多，近日亦無兵，由海軍三艦巡弋中。
2. 天津、青島河船來往匪區，海關及警備等機關，均發通行證，以致封鎖不嚴，已報告主席由行政院通知海關改正，並請國防部嚴令禁止軍憲濫發通行證，如再發現，一律擊沉。
3. 塘沽擬設艦隊司令部。

五、聯勤總部報告：

1. 裝甲車在滬已裝好八十輛，擬請陸續撥交部隊。
2. 砲兵部隊，有有馬無砲，有砲無馬情事，應請調整。
3. 秦皇島、葫蘆島警備兵力配置，應加檢討。
4. 辰谿兵工廠，擬暫不遷移。
5. 東北軍官總隊隊員，以東北情況變化，不肯上船，以致噸位未能利用，請中訓團注意辦理。
6. 經理、財務、特勤學校擬設上海，擬用中訓分團房屋。

陳副總司令報告：

1. 防寒服裝，曾分區計劃，定有數目，茲奉手令尚需準備五個整編師防寒服裝，是否照增，抑照原數辦理？
2. 今年冬服，政院只發三百萬人份之材料經費，本部命令，應作三百五十萬人份，請早決定，以免逾時。
3. 山東濰縣冬服，擬請空運。

總長指示：

1. 關於人數問題，應即請示主席，確實數目由聯勤總部決定。
2. 裝甲車裝好後，可陸續交與裝甲兵學校編訓。
3. 砲兵應加調整，各部隊武器之編配，三、四、五廳應加研究。

六、中訓團報告：

1. 將官班及軍官總（大）隊結束日期，次長林召集會商，定有辦法，現為實施問題。

2. 少數將官，尚未離團，均為核階太低，要求複核，請一廳速核，俾早離團。
3. 陸續請求退役者，請隨到隨核。
4. 深造、轉業人員，希各主管單位速予辦理。
5. 六月四日召集各軍官總（大）隊長會議，根據報告五月下旬人數，為二萬九千餘人，擬呈之結束計劃，及配置計劃，如核可行，請授權中訓團辦理。（附書面結束計劃，各大隊配置計劃）

中央訓練團各軍官大（中）隊全部結束計劃

隊別	駐地	人數
直屬第一軍官大隊	重慶	5307
直屬第四軍官大隊	遵義	530
直屬第五軍官大隊	重慶	1937
直屬第六軍官大隊	南昌	927
直屬第七軍官大隊	蔡甸	2259
直屬第十軍官大隊	南寧	1197
直屬第十二軍官大隊	杭州	646
直屬第十三軍官大隊	蕪湖	2429
直屬第十五軍官大隊	西安	3595
直屬第十六軍官大隊	昆明	1067
直屬第十七軍官大隊	無錫	781
直屬第廿三軍官大隊	鄠縣	1524
直屬第廿四軍官大隊	西安	2514
直屬第廿七軍官大隊	南岳	585
直屬第廿八軍官大隊	成都	1200
直屬第廿九軍官大隊	吳江	2531
直屬第九軍官中隊	曲江	115
東北臨時軍官大隊	上海	1402

實施：
（一）上列各軍官大（中）隊應於六月底前全部撤銷，除規定撥調人員應遵照配額迅為洽撥竣事外，其餘現在在隊人員概照如左處置：
1. 已核定轉業工礦水產屯墾人員，已另案飭於本月內分發（召訓），其餘合於退除役職規定者，概予辦理退除役職，於六月底前竣事離隊。
2. 合於留用標準（含校級留用軍官佐與志願轉業而不能召訓又不合於退役人員）及軍校十期以下畢業生體格健壯學識優良者，另行分別編隊管訓，聽候分發。
3. 軍統局編餘人員照本團卅六辰魚人三恕字第六〇三六一號代電，迅撥第五、七、十五、廿九四個大隊接收，該四個大隊即另行編隊管訓，聽候統籌安置。
右二項人員如六月底仍不能完全分發竣事時，七月一日起編為軍官服務隊撥交綏靖機關接管使用，其薪糧隨同移轉，專案報支。
4. 各大隊大隊長自七月一日起調兼原大隊結束處主任負責辦理結束事宜，爾後優予安置，其餘兼副大隊長、大隊附經報任有案及冊報有名之將級職務人員，則先檢呈證件詳歷並填志願造冊報團，隨本團將官班團員同辦安置，並限文到五日內呈出。
5. 士兵除留辦結束者外，一律撥交就近師團管區。
（二）大隊裁撤後所有結束事項規定如左：
1. 各大隊自七月一日起成立結束處，務於一個月內全部結束完畢，所需經費得造具預算報請國防部核發。
2. 辦理結束人員照國防部丑感暑糟軍字第〇九九九號代電（本團丑寢辦人字第三九一〇〇號代電轉發）規定留用，凡合於退役職者應先辦退役職手續，結束完畢隨即離隊，合於留用標準者於結束後由團分發工作，所有人原應先造具簡歷冊四份（註明已否退役職）報核（所有結束人員七月份薪糧於結束經費內開支）。
3. 大隊裁撤後所有裝具、器材、營舍應造具清冊，報由國防部指派機關接收，並應於結束完畢前移交清楚。
4. 結束完竣時，關防印信應截角呈報本團撤銷，所有重要檔案（人事案卷應全部）呈繳本團核閱。

附記：
一、本表人數係根據五月份及六月份上旬各單位呈報者列入。
二、臨時軍官大隊於運輸完畢後結束，其結束日期另案辦理，餘同本辦法。

各綏署及綏靖區軍官服務大隊配置計劃

名稱	駐地	主官姓名	配置大隊數額	撥編大（中）隊	
				番號	現有人數
西安綏署	西安	胡宗南	2	直屬第十五軍官大隊	2561
				直屬第廿三軍官大隊	1783
張垣綏署	張家口	傅作義	1	直屬第廿四軍官大隊	1184
保定綏署	保定	孫連仲	2	直屬第六軍官大隊	927
				直屬第十三軍官大隊	2137
				直屬第廿七軍官大隊	332
				河北省訓團（未安置人員）	
	備考：河北省訓團人員係前十八軍官總隊未安置人員，由第五廳通知辦理。				
第一綏靖區	江蘇南通	李默庵	1	直屬第十七軍官大隊	830
				直屬第十二軍官大隊	582
第二綏靖區	濟南	王耀武	2	直屬第九軍官中隊	115
				直屬第十軍官大隊	1197
				直屬第五軍官大隊	1667
				山東省訓團（未安置人員）	1667
	備考：山東省訓團人員係前十九軍官總隊未安置人員，由第五廳通知辦理。				
第三綏靖區	徐州	馮治安	2	直屬第四軍官大隊	571
				直屬第十六軍官大隊	1080
				直屬第廿八軍官大隊	1195
第四綏靖區	河南許昌	劉汝明	1	直屬第一軍官大隊	5015
第五綏靖區	河南駐馬店	孫震	1	直屬第一軍官大隊	5015
東北保安司令部	瀋陽	杜聿明	2	直屬第七軍官大隊	2204
				直屬第廿九軍官大隊	2988
附記： 一、軍官服務大隊除負綏靖及建設任務外，並作儲備之用。 二、各軍事機關部隊需用幹部時，可在軍官服務大隊調用。 三、各直屬軍官大隊應撥交人數須至本月底所有離隊人員離隊後始能確定，故此時僅能載明現有人數。					

總長指示：

軍官大隊配置，應按部隊實際能容納狀況分配，黃泛區、蘇北、冀東似可多安置，另由方次長召集第一廳、中訓團調整。

聯勤總部報告：

1. 中訓團分配聯勤總部六百餘人，何時撥到，請先一個月通知。
2. 成都、重慶結業軍官一千八百餘人，由聯勤總部運輸，可以照辦，如全體退役人員及家眷，在六千人以上，則運送困難。

七、第四廳報告：

1. 上海剩餘物資情形（略）。
2. 上海運到雷達，請速派人檢驗接收。
3. 租借法案，軍政部各署及航空委員會所有物資結算，請各單位迅予辦理。

指示：

雷達速派人接收由第六廳會同空軍總部辦理。

八、第五廳報告：

1. 五月底人數統計，比四月份增加八萬餘人，匪俘請行政院撥交通部運用，尚無答復。
2. 砲兵部隊正調整中。
3. 中訓團將官班增選陸大將官班九十員，陸大現無房屋，刻正籌劃中。

總長指示：

1. 匪俘問題，由方次長召集一、二、三、四、五廳研究處理辦法。
2. 機械化戰防砲可先收繳，加拿大戰防砲可配予學校教育，及要塞使用。

參、討論事項

一、擬定本部三十七年度預算編造程序及期限請公決由（林蔚提）

查本部卅七年度預算力求慎密，自應早作準備，以期達成起見，茲將編造程序及期限擬定如左：

一、參謀本部第三廳，應於卅六年六月底以前，草擬卅七年度之軍事計劃，先呈報總長核轉主席核定後，分發各廳局。

二、參謀本部第四廳，應於卅六年七月中旬以前，依據已奉准之軍事計劃，並參照各總司令所送之補給資料，擬定卅七年度補給計劃，呈請總長轉請部長核定後，發交預算局。

三、參謀本部所屬其他各廳局處，應於卅六年七月中旬以前，依據已奉准之軍事計劃，就其主管業務擬定卅七年度之業務計劃，呈請核定後，發交預算局。

四、參謀本部預算局，應於卅六年七月底以前，依據第二條所定各項計劃及奉頒國家總預算編審辦法，擬定卅七年度預算科目及預算計劃，呈總長核定後，下達命令至陸海空軍及聯勤四總司令。

五、陸海空軍及聯勤總司令，應於卅六年八月中上旬以前，將奉頒之預算科目及預算計劃作更詳細之指示，轉發所屬遵照辦理。

六、本部所屬各軍事機關學校部隊，於奉到頒布之預算科目及計劃後，應於卅六年八月底以前編造卅七年度概算四份，呈送主管單位，層轉總司令，彙呈總長。

七、參謀本部將陸海空軍及聯勤各總部所呈概算審定後，彙編軍費總概算，於卅六年九月底以前送呈部長核定後，加入部本部概算，分轉國府主計處及行政院，依法轉請核定。

以上所擬，如蒙通過，請各主管單位嚴格按期執行，當否敬請公決。

決議：

修正通過。

一項：「先呈報總長核轉」下加「部長」二字。

二項：「轉請部長核定後」，部長下加「主席」二字。

五項：「轉發所屬遵照辦理」下加「並於八月底以前編造概算四份，呈經總司令審編，彙呈總長核定」。

六項：修正為「本部直屬各軍事機關學校部隊預算，由本部各主管業務單位分別辦理，並於八月底以前編造概算四份呈總長核定。」

二、官兵所穿夏服，多不一致，及人民衣著與軍服同色同式者，應如何規定取締及糾正由（林蔚提）

理由：（一）查官兵夏服有常服、便服兩種，穿著型態頗不一致，如企領便服有打領帶、有不打領帶者，有戴硬帽及軟帽者，有扣領及不扣領者，士兵有打綁腿及不打綁腿者，再所用褲帶種色尤多，以上種種著裝情形，似應予以明白規定，並嚴格取締，以壯軍容。

（二）非現役軍人原不得著用軍服，惟因種種關係流入民間，以及向市面購置美軍剩餘物資內之軍服穿著者，常見不尠，為防微杜漸，以免歹徒著用，影響軍譽起見，凡人民穿著衣服其與軍服同色同式者，似應予以糾正，免滋混淆。

辦法：擬請第一廳主持，會同有關機關商討，分別訂定取締及糾正辦法，通飭施行。

右提案是否有當請公決。

決議：

交第一廳研究辦理，軍人手牒，仍可研究恢復。

三、為接收物資供應局剩餘物資，擬由聯勤總部在滬成立一簡單物資接運處理機構由（第四廳提）

理由：查存滬剩餘物資約廿萬噸，將來尚有約百八十萬噸進口，內中十之八九為國防部所需用者，惟因物資局運輸及儲存均極倉卒，致物品種類無法查明，內中尚有交通及衛生兩部提用者，另有一部器材非經修理不能使用者，為能迅速澈底辦理，接收使用起見，最好由聯勤總部派一高級人員，率同少數技術人員常川駐滬，本國防部之指示辦理接收事宜，以一事權。

辦法：1. 由聯勤總部遴派一高級人員駐滬從速辦理剩餘物資接收，另由海空軍總部及聯勤總部各署選派技術人員協助之。

2. 為使以後剩餘物資能按作戰需要，以行內運起見，擬由徵購司及第四廳派一、二員前往關島及沖繩島實地視察。

決議：

由港口司令部辦理，另派人員充實之，派員赴關島、沖繩島事，由聯勤總部與俞部長洽商辦理。

肆、指示事項

三十七年軍費由陳副總司令依據軍費及生活指數、去年物資補給情形，與明年所需軍費物資擬一計劃比較表，以資參考。

【以下指示事項於速紀錄有錄，但正式紀錄無】

二、剿匪如配合妥善，而無國際問題牽制，則時間可以縮短，所以我們要儘量做到配合。

三、黃匪分化高低級官與兵，利害非常，如像說高級將領腐敗，士兵如何苦，在抗戰以前士兵每月最多不超過十元，而糧餉劃分後士兵每月不超過三元，而現在給與薪餉、食糧、服裝以及各項給與，如以生活指數而論，實在並不比戰前苦，如以高級言，如以生活指數言則較苦多多矣，其次機關職員較為苦，惟以實物之補給，仍不致飢餓，其次中下級幹部之眷屬，因地方淪陷，多隨軍團之困苦，此在抗戰前少見之者。

四、在此財政困窮境況之下，最好將收支帳目公佈，以使上下社會明瞭。

附錄

經濟委員會軍費小組討論會議兩次紀錄

時　間：三十六年六月三日及六月七日

地　點：行政院會議室及本會會議室

出　席：劉健羣　何浩若　劉振東　陳　方

列　席：陳　良　趙志堯　孫作人　何偉業（蔡　湘代）

顧毓瑔

主　席：劉委員健羣

紀　錄：史鳳婁　吳常義

檢討綜合意見

本組開會兩次交換意見所得結論略如下述：

（一）認為今日局面軍事為重，必須集中力量，期能縮短作戰時間，以減少國家之損害。

（二）軍費之支出在國家財政困難之際固應節約，而尤貴合理，有合理之待遇方可以整飭紀律、鼓勵士氣，達成前項之要求。

（三）事實上可以節約之開支與合理化必需增加之軍費難以相抵，故軍費是無法減少而不能不設法增加。

根據以上原則作如次之建議：

（一）軍糧為作戰之根本，共產黨以暴力手段搜刮民糧於行軍為便，國軍於此應有對策：

（1）我亦應辦到三分之一糧就地徵集。

（2）大糧戶之購價搭發公債。

（3）鄰近匪區之民眾撤退時，應同時撤退

糧食，如何辦到軍糧迅速無缺，由國防部與糧食部詳擬辦法提會決定。

（二）被服部份應由政府統籌供應實物：

（1）事前以刻苦節約為原則核定品類。

（2）以成品或材料發給之。

（3）監督其使用。

（4）以有效方法獎勵保存舊品，由國防部提出具體計劃討論。

（三）目前可以節約之項目，由國防部再如實審核，最好舉出事實以為表現。

（四）無論剩餘物資、賠償物資，凡確為軍事國防所必需者，應以轉帳方式交與國防部使用。

（五）此外如官兵生活費之增加，馬乾之增加，公費、旅費、械彈製造費等之增加，其數目當不在少數，亦為合理之要求，問題在如何籌款，如何辦到有錢出錢，達到適用軍事急需而不致增加發行之目的，擬請大會予以討論。

經濟委員會軍費小組討論會議第三次紀錄

時　間：三十六年六月十三日

地　點：行政院會議室及本會會議室

出　席：劉健羣　何浩若　劉振東　陳　方

列　席：陳　良　趙志堯（紀萬德代）　孫作人　何偉業

主　席：劉委員健羣

（甲）希望事項

一、精兵主義

二、整軍充實

三、厲行核實

四、救濟民眾

（乙）提供事項

一、新訂金錢物品給與表

二、最低保持人馬數目表

三、最低需要金錢物品預算表

（分項詳細計列說明）

第四十八次參謀會報紀錄

時　　間　三十六年六月二十八日下午三時至五時

地　　點　國防部會議室

出席人員　國防次長　黃鎮球

參謀次長　林　蔚　劉　斐　方　天

總長辦公室　錢卓倫　顏逍鵬

陸軍總部　林柏森

海軍總部　周憲章

空軍總部　周至柔（徐煥昇代）

聯勤總部　郭　懺　趙桂森　郗恩綏

各廳處　於　達　侯　騰　羅澤闓

楊業孔　劉雲瀚（李汝和代）

錢昌祚（龔　愚代）

陳春霖　錢壽恒

中訓團　黃　杰

軍務局　毛景彪

主　　席　總長陳

紀　　錄　裴元俊

會報經過

壹、檢討上次會報實施程度

貳、報告事項

一、情況報告（二廳侯代廳長）略

二、戰況報告（三廳郭廳長）略

三、總長辦公室報告：

七、八月下午辦公時間改為四時至七時，參謀會報時間，原定下午三時，下次會報，是否改為四時三十分，或改為四時舉行，請示！

總長指示：

改為四時。

四、聯勤總部報告：

1. 國防部副官處現有印刷所一所，聯勤總部一所，均設備不全，擬請歸併。
2. 保密代字聯勤機關使用困難，請加研究。
3. 保安團隊參加作戰，衣食與彈藥由國防部發給，請三、四廳規定標準，以便辦理。
4. 傷病官兵共有九萬七千名，應即出院者二萬名，內已愈無隊可歸者官四千員，兵八千名，老弱及機障，有家可歸者三千人，輕病不能好者五千人，歸隊費現給與：傷官一千元，傷兵五百元，擬請改為傷官二十萬，病官十五萬，傷兵十萬，病兵八萬，傷病官兵退除役（伍）辦法，擬請兵役局研究，尚堪服務者，可否撥軍官大隊或組休養大隊。
5. 聯勤經費，追加預算，業已呈出。
6. 台灣幣值提高，此次調整待遇，請注意此點。
7. 撥海軍赴青島船二隻，聞將繼續使用，現以兵糧待運東北，請即飭發還。

總長指示：

1. 印刷所應統一由聯勤總部辦理。

2. 保密代字，二廳應再研究，不能一般硬性規定，致使實行困難。
3. 傷病官兵，主管單位應大加清理，歸隊費可予提高，並須妥為安置。
4. 海軍使用船隻，應按手續，電桂總司令處理。

五、中訓團報告：

1. 六月卅日中訓團各班畢業，及軍官團四期開學典禮，共約二千餘人參加。
2. 兵役班卒業學員，現待分發令。
3. 新聞班學員九百名分發事，為顧念有眷人員，擬請先開小組會議研究區域，妥為分配。

總長指示：

1. 新聞班學員分發事，待鄧局長返部後洽商處理。
2. 軍官訓練班所發書籍太多，應著眼於目前剿匪有關者，始予發給。

六、第一廳報告：

陸海空軍人事業務劃分，及實施程序已擬就，下月一日起施行。

七、第四廳報告：

1. 太原綏署所轄人數，要求補給數與原編制人數不符，是否可派員點驗。
2. 下半年追加預算案，正辦理中。
3. 主席命令，江南十一省已成立警保處，警保部隊糧彈，由內政部負責籌補，不足者，由國防部價購，華北剿匪區警保部隊糧彈，均由國防部負責補給。

聯勤總部報告：

東北及山西人數，請國防部決定，以免糾紛。

總長指示：

1. 山西、東北糧食補給，可照編制數核定。
2. 四廳承辦主席通令各省警保處，所有各種補給補充之請求，應呈內政部。
3. 補充兵預算，應速辦理。

參、討論事項（無）

肆、指示事項（無）

第四十九次參謀會報紀錄

時　　間　三十六年七月十二日下午四時至七時四十分

地　　點　國防部會議室

出席人員　國防次長　黃鎮球　劉士毅　秦德純

參謀次長　林　蔚　方　天

總長辦公室　錢卓倫　顏逍鵬

陸軍總部　林柏森

海軍總部　桂永清　周憲章

空軍總部　周至柔

聯勤總部　黃　維　趙桂森

各廳處　於　達（劉祖舜代）

侯　騰　羅澤闓（王　鎮代）

楊業孔　劉雲瀚　錢昌祚

鄧文儀　王開化　彭位仁

趙志垚　吳　石　杜心如

徐思平（鄭冰如代）

蔣經國（鄭　果代）

劉慕曾　陳春霖　錢壽恒

中訓團　黃　杰

軍務局　毛景彪

列席人員　部本部各司　趙學淵　陳自強　劉逸奇

鄭　澤　何孝元

主　　席　次長林（代）

記　　錄　裴元俊

會報經過

壹、檢討上次會報實施程度

貳、報告事項

一、情況報告（二廳侯代廳長）略

二、戰況報告（三廳王副廳長）略

三、總長辦公室報告：

留美學員，現已陸續回國，請按原定計劃分派各兵科學校服務，因現照美顧問建議，各兵科學校將成立之各班，係以此項人員為基礎。

第五廳報告：

已照原計劃實施。

四、海軍總部報告：

1. 海軍在軍校招考海軍學生，計報名者三百五十人，參加體格檢查者一百四十人，合格者八十五人，學科試卷，現送華西大學分別閱卷，估計及格者，至多十人，擬請公開招考高中以上程度之學生。
2. 視察接收日船八艘，所有軍事設備，均已拆除，船上桌椅，亦均無存，有四艘機器尚新，配件可應用半年，擬先裝備兩艘應用，第二批賠償艦八艘，七月底前可到達。

指示：

書面報告總長。

五、第五廳報告：

聯勤總部之經理、財務、特勤三校，擬用上海中訓分團房屋，已奉主席批准，水產訓練班在滬開學，擬請借用高昌廟海軍學校校址。

海軍總部報告：

高昌廟海校，現為接艦人員住用，不能移讓，水產人員訓練，最好設台灣高雄、馬公或浙東舟山基地等地，較為適宜。

中訓團報告：

水產人員訓練班，因就師資，故不宜離開滬地。

人力計劃司報告：

聞復興島可設水產學校。

指示：

水產學校校址，由人力計劃司洽辦。

六、副官處報告：

國防部行文體系。（書面）

國防部行文體系

壹、職掌之研究

一、行文之體系，當先使職掌明確，查美顧問團聯合顧問計劃，係參謀組主席白林克少將，致次長林備忘錄曾詳明舉出，茲節錄如左：

1. 第二章（總統）第十二節（職掌之執行）稱：

甲、行政職掌——總統以國家之元首，經由國防部部長執行行政職掌，此種職掌為協調及配合下列各項之關係：

（1）國防部與其他各部及政府機關間；

（2）在國防部與非政府機關間；

（3）國防部內部管理之廣泛方針。

乙、作戰指揮職掌——總統以全國軍隊之統帥，直接經由其授權指揮軍隊之參謀總長，執行指揮全國軍隊作戰之權。

2. 第三章第二節（國防部與參謀總長間之關係）

15. 對總統所負之責任

甲、國防部長乃政府部門中之一份子，負責有關國防方案之行政業務之實施，此亦即為中華民國憲法中所規定總統為國家之元首，所應負擔之職務。

乙、參謀總長乃負責推進有關國防方案作戰業務之軍事長官，亦即為中華民國憲法中所規定總統為軍隊最高統帥所應負擔之職務。

16. 國防部長對軍政有關事項制定廣泛政策，並以命令下達參謀總長，其根據如下：

甲、總統之行政訓示。

乙、有關軍隊行政事項之法律。

17. 國防部長根據法律習慣及所需程序，制定管理有關下列行政事項之條例，並以廣泛之命令下達參謀總長：

甲、軍隊中文職人員之聘僱。

乙、軍職人員之徵選經費及補給品之獲得。

丙、軍隊之研究發展機關與其他政府機關或人民團體間之關係。

18. 軍隊之最高統帥，授予軍隊之參謀總長，以國家軍隊之直接就地之作戰指揮權。

19. 參謀總長以為軍隊之司令官，直接承受最高統帥一切有關作戰及預備事項之命令，及在作戰方面逕向最高統帥提陳意見或建議，並以國防部參謀總長地位，經國防部長接受由部長負責之一切行政事項之訓令與政策，在國防部長指示下執行總統之行政命令，並直接向國防部部長負責軍隊方面對軍政之確當與適時之實施。惟參謀總長指揮權下之職掌，為其本身責任之職務者除外，對於人員補給品與預算等需要，參謀總長向國防部長提出意見並提供有關上述事項或其他行政事項之建議，參謀總長負責為軍隊將總統之作戰命令與部長之行政訓示，融合而成一有效之方案。

20. 國防部長與參謀總長應不斷接觸，由個人往還及正式會議或非正式會談中，協同工作，以求獲致補給人員及預算等需要之均衡方案，然後始由參謀總長正式呈交部長該項方案，於獲得總統之最後核准時，當由部長負責擬定施行此項方案之政策。惟軍隊對於經由部長頒發之政策，如何應用，其責任屬參謀部長。

3. 第三章第四節（參謀本部）

（三）就國防部長所負之一切行政職責上為其首要顧問及執行官，在此項職權內，其所負責任下：

（a）就軍隊人員物資研究及發展等需求

上，向國防部長提供意見並執行業經核准之有關計劃及方針。

（b）審核軍隊之預算，並將此項預算連同適當之建議呈送部長。

（c）向部長提供關於一切行政措施之意見及建議，以協調中國軍事全面力量。

貳、行文之體系

一、根據前節所援引之文件，歸納為以下各項：

1. 在主席之下，國防部含有兩個職掌體系：

甲、國防行政。

乙、作戰及準備。

2. 甲項由部長對主席負責，乙項由參謀總長對主席負責。

3. 參謀總長負責執行部長之行政訓示與政策，並應將主席之作戰命令與部長之行政訓示融合而成一有效方案。

4. 部長之行政訓示與政策，其命令下達於參謀總長。

5. 參謀總長負責對全軍行文，關於作戰者直接對主席負責，關於行政者直接對部長負責。

6. 參謀總長意見與建議之提供，關於作戰者呈主席，關於行政者呈部長。

7. 參謀總長介於主席、部長與軍隊之間，上呈下令。

二、根據以上所歸納，概舉事例如左：

1. 參謀總長執行行政事項，關於左列各端，呈由部長核定或由部長轉院長、主席核定：

甲、行政法規與政策之訂定。

乙、重要之任官服役與榮典案件。

丙、預算之擬定。

丁、人員徵召計劃與方案。

戊、物資徵購計劃與方案。

己、補給品之獲得與分配方案。

庚、重要軍法案件之核定。

辛、其他關於行政事項之意見與建議事項。

2. 參謀總長執行軍隊之組織訓練，與調動作戰事項，其計劃與方案呈主席核定。

3. 參謀總長對於已經核定之政策、計劃或方案，負責執行。

4. 主席及部長有所指示命令，參謀總長負責行文佈達。

三、行文之系統如左：

1. 屬於國防行政方面者，以主席、行政院長、部長（或主席、部長）、參謀總長、各總司令為一系統。

2. 屬於作戰及準備事項者，以主席、參謀總長、各總司令為一系統。

3. 行文系統如左圖：

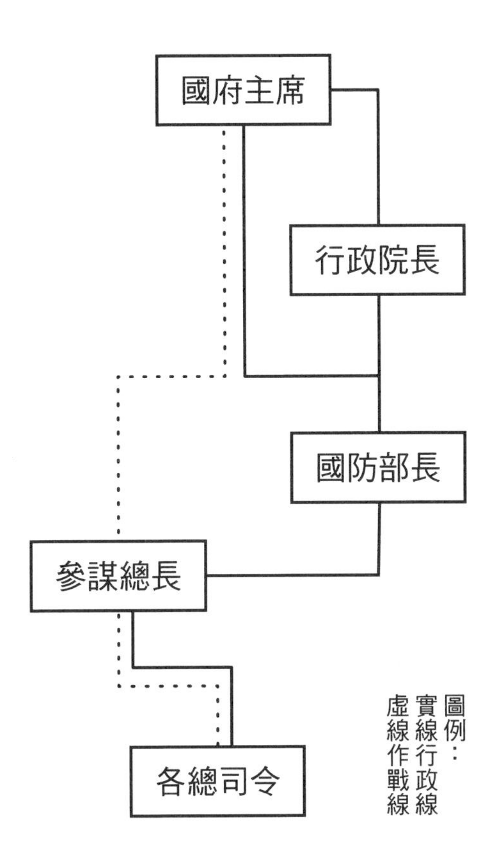

四、辦理文稿規定如左：

1. 下一級主官得以幕僚地位為上一級主官辦理文稿。
2. 部長名義對外行文，由其各司承辦為原則，但參謀本部各廳局處或各總司令部關於國防行政事項，有時亦得以部長名義辦理，對府院或其他行政機關、人民團體之文稿，此其意義等於參謀總長辦理，須經其核轉部長判行。

3. 各廳局處或各總司令部以參謀總長名義辦理對下及對外文稿時，呈參謀總長判行。

4. 上級之幕僚單位，不為下一級主管辦理文稿。

指示：

除特殊性事件外，爾後照此規定實施，條文再由副官處整理。

七、劉次長報告：

國家總動員法及國家總動員法實施綱要。（書面）

國家總動員法

國民政府三十一年三月廿九日公布

第一條　國民政府於戰時為集中運用全國之人力、物力，加強國防力量貫澈抗戰目的，制定國家總動員法。

第二條　本法所稱政府係指國民政府及其所屬行政機關而言。

第三條　本法稱國家總動員物資，指左列各款而言：

（一）兵器彈藥及其他軍用器材。

（二）糧食飼料及被服器料。

（三）藥品醫藥器材及其他衛生材料。

（四）船舶車馬及其他運輸器材。

（五）土木建築器材。

（六）電力與燃料。

（七）通信器材。

（八）前列各款器材之生產、修理、支配、供給及保存上列所需之原料與機器。

（九）其他經政府臨時指定之物資。

第四條　本法稱國家總動員業務，係指左列各款而言：

（一）關於國家總動員物資之生產、修理、支配、供給、輸入、保管及必要之試驗研究業務。

（二）關於民生日用品之專賣業務。

（三）關於金融業務。

（四）關於運輸通信業務。

（五）關於衛生及傷兵難民救護業務。

（六）關於情報業務。

（七）關於婦孺老弱及有必要者之遷移及救濟業務。

（八）關於工事構築業務。

（九）關於教育訓練與宣傳。

（十）關於徵購及搶先購運之業務。

（十一）關於維持後方秩序並保護交通機關及防空業務。

（十二）其他經政府臨時指定之業務。

第五條　本法實施後政府於必要時得對國家總動員物資徵購或徵用其一部或全部。

第六條　本法實施後，政府於必要時得對國家總動員物資之生產、販賣或輸入者，命其儲存該項物資之一定數量，在一定期間非呈准主管機關不得自由處分。

第七條　本法實施後，政府對於必要時得對國家總動員物資之生產、販賣、使用、修理、儲藏、消費、遷移或轉讓加以指導、管理、節制或禁止。

前項指導、管理、節制或禁止，必要時得適用於國家總動員物資以外之民生日用品。

第八條　本法實施後，政府於必要時得對國家總動員物資及民生日用品之交易價格、數量加以管制。

第九條　本法實施後，政府於必要時在不妨礙兵役法之範圍內，得使人民及其他團體從事於協助政府或公共團體所辦理之國家總動員業務。

第十條　政府徵用人民從事於國家總動員業務時，應按其年齡、性別、性質、學識、技能、經驗及其原有之職業等為適當之支配。

第十一條　本法實施後，政府於必要時得對從事者之就職、退職、受雇、解雇及其薪俸工資加以限制或調整。

第十二條　本法實施後，政府於必要時得對機關團體公司行號之員工及私人雇用工役之數額加以限制。

第十三條　本法實施後，政府於必要時得命人民向主管機關報告其所雇用或使用之人之職務與能力，並得施以檢查。

第十四條　本法實施後，政府於必要時得以命令預防或解決勞動糾紛，並得對於封鎖工廠、罷工、怠工及其他足以妨礙生產之行為嚴行禁止。

第十五條　本法實施後，政府於必要時得對耕地之分配、耕作力之支配及地主與佃農之關係加以釐定，並限期墾殖荒地。

第十六條　本法實施後，政府於必要時得對貨幣流通與匯兌之區域及人民債權之行使、債務之履行加以限制。

第十七條　本法實施後，政府對於必要時得對銀行、信託公司、保險公司及其他行號資金之運用加以管制。

第十八條　本法實施後，政府於必要時得對銀行、公司、工廠及其他團體行號之設立、合併、增加資本、變更目的、募集債款、分配紅利、履行債務及其資金運用加以限制。

第十九條　本法實施後，政府於必要時得獎勵、限制或禁止某種貨物之出口或進口，並得增徵或減免進口出口稅。

第二十條　本法實施後，政府於必要時得對國家總動員物資之運費、保管費、保險費、修理費或租費加以限制。

第廿一條　本法實施後，政府於必要時得對人民之新發明專利品或其事業所獨有之方法、圖案、模型、設備命其報告試驗並使用之。

關於前項之使用並得命原事業主供給熟練技術之員工。

第廿二條　本法實施後，政府於必要時得對報館及通訊社之設立，報紙通訊稿及其他印刷物之記載加以限制、停止或命其為一定之記載。

第廿三條　本法實施後，政府於必要時得對人民之言論、出版、著作、通訊、集會、結社加以限制。

第廿四條　本法實施後，政府於必要時得對人民之土地住宅或其他建築物徵用或改造之。

第廿五條　本法實施後，政府於必要時得對經營國家總動員物資或從事國家總動員業務者，命其擬訂關於本業內之總動員計劃並舉行必要之演習。

第廿六條　本法實施後，政府於必要時得對從事國家總動員物資之生產或修理者，命其舉行必要之試驗與研究，或停止、改變原有企業從事指定物資之生產或修理。

第廿七條　本法實施後，政府於必要時得對經營同類之國家總動員物資或從事同類之國家總動員業務者，命其組織同業公會或其他職業團體，或命其加入固有之同業公會或其他職業團體。

前項同業公會或職業團體主管機關應隨時監督並得加以整理改善。

第廿八條　本法實施後，政府對於人民因國家總動員所受之損失得予以相當之賠償或救濟，並得設置賠償委員會，本法實施停止時，原有業主或權利人及其繼承人對於原有權利有收回之權。

第廿九條　本法實施後，應設置綜理推動機關，其組織另以法律定之，關於國家總動員物資及業務，仍由各主管機關管理執行。

第卅條　本法實施後，前條綜理推動機關為加強國家總動員之效率起見，得呈請將有關各執行機關之組織經費權限加以變更或調整。

第卅一條　本法實施後，政府對於違反或妨害國家總動員之法令或業務者，得加以懲罰。

前項懲罰以法律定之。

第卅二條　本法之公布實施與停止，由國民政府以命令行之。

國家總動員法實施綱要（第八次常務委員會議修正本）

第一　實施國家總動員法之使命與要領

國家總動員法之使命在於集中全國人力、物力，達成軍事第一、勝利第一之目標，其方法為增加生產，限制消費，集中使用，因而管制物資之生產、分配、交易、儲存乃至徵購、徵用，實屬急要之圖。

國家總動員法之實施必須努力使各部分齊頭並進，蓋任何部分之動員，均與其他部分有密切之連帶關係，故應就人力、物力各項動員擬定整個計劃，使人民之業務勞動與物資之生產、交易、消費，以及財政、金融、運輸等各部份在共同目標之下聯繫合作，完成使命。

國家總動員法之實施，又須努力使在全國任何地區普遍推進，惟以我國幅員廣大，社會情形、物資分布、生產條件、經濟組織乃至政治設施均受地區之自然限制而有發達不均之態勢，為期推動之便利計，凡屬國家總動員物資及業務之有全國性者，應於全國各地同時普遍實施，其有特殊性者，則應擇時擇地分別推進，以期兼顧而省紛擾。

第二　實施國家總動員法之機構與業務分配

甲、中央主管國家總動員業務之機關與其分掌

國家總動員業務應由主管部會署局分掌，必要時得酌增人員，其無主管機關者，由行政院斟酌指定之，並得於必要時增設專管機關，事涉兩個機關以上者，應由關係機關會商分掌範圍，並由院長指定其中一個機關負綜合聯繫之責，至若各部門總動員業務之綜理推動、聯繫配合、審議與考核，則由國家總動員會議總攬之，茲依國家總動員法所定業務，就主要有關機關按照下列規定分別掌理，行政院認為必要時，得指定其他有關機關加入。

1. 第五條「國家總動員物資之徵購、徵用」，由經濟部、糧食部、軍政部、財政部、交通部、運輸統制局、衛生署等掌理之。
2. 第六條「對國家總動員物資之生產、販賣或輸入者，命其儲存該項物資之一定數量，在一定期間非呈准主管機關不得自由處分」，由經濟部、糧食部、軍政部、財政部、交通部、運輸統制局、衛生署等掌理之。
3. 第七條第一項「對國家總動員物資之生產、販賣、使用、修理、儲藏、消費、遷移或轉讓加以指導、管理、節制或禁止」，由經濟部、農林部、糧食部、軍政部、財政部、交通部、運輸統制局、衛生署等掌理之。
4. 第七條第二項「對國家總動員物資以外之民生日用

品之生產、販賣、使用、修理、儲藏、消費、遷移或轉讓加以指導、管理、節制或禁止」，糧食由糧食部掌理，鹽、糖、火柴等專賣品由財政部掌理，其餘民生日用品由經濟部掌理。

5. 第八條「對國家總動員物資之交易價格、數量加以管制」，由經濟部、糧食部、軍政部、財政部、交通部、運輸統制局、衛生署等掌理之。

   第八條「對民生日用品之交易價格、數量加以管制」，糧食由糧食部掌理，鹽、糖、火柴等專賣品由財政部掌理，其餘民生日用品由經濟部掌理。

6. 第九條「在不妨礙兵役法之範圍內得使人民及其他團體從事於協助政府或公共團體所辦理之國家總動員業務」及第十條「徵用人民從事於國家總動員業務時，應按其年齡、性別、體質、學識、技能、經驗及其應有之職業等為適當之支配」，由社會部、經濟部、軍政部、農林部、糧食部、財政部、交通部、運輸統制局、教育部、衛生署等掌理之。

7. 第十一條「對從業者之就職、退職、受雇、解雇及其薪俸工資加以限制或調整」，由社會部、經濟部、財政部、農林部、軍政部、交通部、運輸統制局等掌理之。

8. 第十二條「對機關團體公司行號使用員工之數額加以限制」，由社會部、經濟部、財政部、交通部等掌理之。

   第十二條「對私人雇用工役之數額加以限制」，由社會部掌理之。

9. 第十三條「命人民向主管機關報告其所雇用或使用之人之職務與能力，並得施以檢查」，由社會部掌理之。
10. 第十四條「以命令預防或解決勞工糾紛，並得對於封鎖工廠、怠工及其他足以妨礙生產之行為嚴行禁止」，國營事業之屬於軍政部及其他軍事機關主管者，由軍政部掌理之，國營事業及私人企業之屬於其他各部會署局主管者，由社會部掌理，各主管機關協助之。
11. 第十五條「對耕地之分配、耕作力之支配及地主與佃農之關係加以釐定，並限期墾殖荒地」，由地政署、農林部、財政部、糧食部、社會部掌理之。
12. 第十六條「對貨幣流通與匯兌之區域加以限制」，由財政部、四聯總處掌理之。

    第十六條「對人民債權之行使，債務之履行加以限制」，由財政部掌理之。
13. 第十七條「對銀行、信託公司、保險公司及其他行號資金之運用加以管制」，由財政部、經濟部、四聯總處掌理之。
14. 第十八條「對銀行、公司、工廠及其他團體行號之設立、合併、增加資本、變更目的、募集債款、分配紅利、履行債務及其資金運用加以限制」，由財政部、經濟部、四聯總處掌理之。
15. 第十九條「獎勵、限制或禁止某種貨物之出口或進口，並得增徵減免進出口稅」，由經濟部、財政部掌理之。

16. 第二十條「對國家總動員物資之運費、保管費、保險費、修理費或租費加以限制」，由交通部、運輸統制局、軍政部、經濟部、財政部、糧食部等掌理之。
17. 第二十一條第一項「對人民之新發明專利品或其事業所獨有之方法、圖案、模型、設備，命其報告試驗或使用之」及第二項「關於前項之使用，並得命原事業主供給熟練技術之員工」，由經濟部、軍政部、教育部、交通部、運輸統制局、農林部、衛生署、水利委員會、社會部等掌理之。
18. 第二十二條「對報館及通訊社之設立，報紙通訊稿及其他印刷物之記載加以限制、停止或命其為一定之記載」，由內政部、軍事委員會、戰時新聞檢查局及行政院中央圖書雜誌審查委員會掌理之。
19. 第二十三條「對人民之言論、出版、著作、通訊加以限制」，由內政部、軍事委員會、戰時新聞檢查局、行政院中央圖書雜誌審查委員會、郵電檢查處掌理之。
20. 第廿四條「對人民之土地住宅或其他建築物徵用或改造之」，由地政署、內政部、軍政部掌理之。
21. 第廿五條「對經營國家總動員物資或從事國家總動員業務者，命其擬定關於本業內之總動員計劃並舉行必要之演習」，由各主管部會署局分掌之。
22. 第二十六條「對從事國家總動員物資之生產或修理者，命其舉行必要之試驗與研究或停止、改變原有企業從事指定物資之生產或修理」，由經濟部、軍政部、交通部、運輸統制局等掌理之。

23. 第二十七條第一項「對經營同類之國家總動員物資或從事同類之國家總動員業務者，命其組織同業公會或其他職業團體，或命其加入固有之同業公會或其職業團體」及同條第二項「前項同業公會或職業團體主管機關應隨時監督並得加以整理改善」，由社會部、經濟部、財政部、交通部、農林部、糧食部、運輸統制局、衛生署等掌理之。

24. 第廿八條第一項「對於人民因國家總動員所受之損失得予以相當之賠償或救濟，並得設置賠償委員會」，由行政院於必要時設置委員會掌理之。

    第廿八條第二項「本辦法實施停止時，原有業主或權利人及其繼承人對於原有權利有收回之權」，其決定由原徵購徵用機關行之。

25. 第四條第五款中之一般衛生業務由衛生署掌理，傷兵救護業務由軍政部掌理，難民救護業務由振濟委員會掌理。

26. 第四條第七款關於婦孺老弱及有必要者之遷移業務由地方政府掌理，其救濟業務由社會部、振濟委員會掌理。

27. 關於協助各主管機關推行動員法令，檢舉違反動員法令案件並執行各種動員業務之檢察事項，由國家總動員會議檢察機構掌理之。

28. 關於國家總動員物資之緝私、特種貨運之稽查及保護，由財政部掌理之。

關於國家總動員法中所定業務之分掌大體於右，尚有第四條中所定業務其主管機關至為明顯無須再為指名者，不另列舉，而右定業務分掌於必要時，得由國家總動員會議依國家總動員法第三十條之規定，建議行政院加以變更或調整，各主管部會署局亦得提出變更或調整之意見，呈請行政院交國家總動員會議審定後行之。

乙、省市主管國家總動員業務之機關與其權責

省市縣政府為地方主管國家總動員業務之機關，應依照中央主管機關所定各項動員計劃與中央政府頒行之法令切實辦理各項動員業務，並監督所屬各級機關努力執行，各省市縣政府暨所屬機關為辦理動員業務必須增加人員時，應於報經行政院核准後行之，但不得新設機關，中央直屬機關在各省市者，對於各該省市政府主管範圍內之動員業務，應受各該省市政府之督導，並與各級地方機關密切聯繫，各省市縣動員會議任推動、聯繫、審議、考核之責。

省及直轄市政府為奉行中央所頒國家總動員方案、計劃與法令，必要時得制訂單行法令規章或實施辦法，其制訂與施行應經省市動員會議之審議並依一般法令所定或慣行之手續，分別報請行政院或主管部會核定。

縣市政府應切實奉行中央頒布之方案、計劃或命令內所定事項，暨省政府頒佈之省單行法令規章或實施辦法內所定事項，不得自行制訂縣市單行法規。

第三　國家總動員計劃之要則

一、各主管部會署局對於人力、物力、財力，應綜合過去各方面之調查與統計，加以整理估計以為策定計劃之根據，同時迅即施行必要之調查。

二、關於軍事需要應由軍事機關依照作戰要求及建軍需要，參酌以往調辦情形，分別軍需成品之徵購及軍需之生產，擬具供應計劃、生產計劃與夫軍事所需成品原料、生產工具等之軍需總預計表及勞工預計表。

三、一般需用物資之機關應就所管範圍最小限度之需要物資提出需要物資預計表及勞工預計表。

四、關於勞力及技術人員之供需，應在不妨礙兵役範圍內由主管機關擬定運用計劃。

五、主管物資之機關應就所管物資之生產、儲藏及供需情形，並就軍需總預計表及一般需要機關需要物資預計表與各有關機關協定初步供應計劃，其不敷分配之物資，未能協定者提出於國家總動員會議解決之。

六、關於財力，應就增加收入節約不必要之支出管制金融等必要之措施擬定計劃，並對於物資供需費用，應顧慮物價之波動予以合理之規定。

七、主管運輸機關應按事實需要努力增進運輸效能，有效利用水陸聯運妥為計劃。

八、總動員物資應按物品種類、生產情形，以分區就近平均供應為原則，其需運濟者應為妥籌運輸方案。

九、精神總動員應本意志集中、力量集中之最高原則，以文化力量增強民族力量，妥定計劃。

十、各主管機關應依照限期將所擬各項計劃提出於國家總動員會議。

十一、國家總動員會議就軍需、民用及資源供應情形詳加審議，作成綜合國力之總動員計劃，由行政院呈報國防最高委員會核定施行。

十二、在總動員計劃未策定前，其應迅即提前辦理之重要措施，由各主管機關先提出於國家總動員會議，核定施行。

第四　從事國家總動員業務之經濟組織

一、公營或民營之公司工廠行號等應遵照非常時期工商業及團體管制辦法，限期為公司登記或商業登記，並限期組織同業公會強制加入。

二、法令許可不為公司登記或商業登記之小規模營業，凡屬經營公用或生活必需之物品者，無論臨時或永久設立均應向各該業同業公會登記並受其約束，履行非常時期之商業及團體管制辦法之任務。

三、各級政府為管理動員上必要，得指定不同種類或不同地點之同業公會組織聯合機構，各同業公會亦得自動聲請組織，其辦法由主管及關係機關商訂之。

四、各縣市政府除依照縣各級合作社組織大綱之規定完成各級合作社之組織外，尤應注意消費合作及產銷合作，各級合作主管機關並應次第限期組織縣省中央聯合社。

五、各級政府對上列各種經濟組織得命令其從事動員業務或授權辦理指定之動員管理工作，並直接向政府檢舉違反動員法令規定之經濟行為。

六、各級政府主管機關對上述各種經濟組織應隨時督導考核，並得調訓其工作幹部或輔導自行訓練其會員。

七、制定國家總動員法之意義在加強國力，對於一切生產力謀增殖，實施該法第五條之規定時，徵用民營工廠當以違背動員法令及私人能力確難經營者為原則，其業有成效者應予以指導扶植。

第五　有關國家總動員業務之人民團體

一、各級主管社會行政機關應限期完成各種職業團體、自由職業團體及其他與國家總動員業務有關之人民團體之組織，並分別限制或勸導各個人民必須加入一種團體為會員。

二、各種與國家總動員業務有關之人民團體法律，已有上級聯合會之規定者，主管機關須限期強制其組織或參加。

三、各級主管社會行政機關得依據動員法或管理動員機關之合法委託，隨時分配人民團體以動員業務並得授權辦理指定動員管理工作。

四、各級主管社會行政機關對各種人民團體應隨時派員督導考核，並指導演習動員計劃或調訓其幹部及輔導自行訓練其會員，對職業團體並得派遣書記或補助經費。

五、自由職業團體之工程師、醫師、會計師、藥劑師、新聞記者等團體關係動員業務甚大，應特別注意其登記調查及培養調節，以備隨時徵調使用。

綱要

（二）軍事：為實施本綱要，根據國家總動員法及軍事徵用法，依照左列各項達到軍事動員目的，由國防部主持或會同各有關機關辦理之。

（甲）人力

1. 嚴格推行役政（第九條及兵役法）。
2. 依法推動民眾及其他團體從事協助工作（第九條、第十條）。

（註）本款包括碉堡防衛等設施。

3. 適當支配有關軍事之科學及技術人員人才（第十條）。
4. 肅清奸宄，維護治安（補充辦法）。

（註）本款如清查戶口等工作，會同內政部辦理。

（乙）物力

1. 依法徵購或徵用物資（第五條）。
2. 依法徵用或改造人民之土地住宅或其他建築物（第二十四條）。
3. 管制有關軍用物資之生產、販賣及輸出入（第六條、第七條）。
4. 限制軍物運費、保管費、保險費、修繕費或租費（第二十條及軍事徵用法）。

（丙）財力

（丁）防諜

1. 依法限制及停止妨害有關軍事之刊載與通訊（第二十二條、第二十三條）。

（註）本款會同內政部辦理。

2. 依法檢查郵電，妨止間諜（補充辦法）。

（註）本款會同交通部辦理。

（戊）懲罰

1. 違反上列各項規定者，依法懲處。

（註）案關軍事動員，軍人首應以身作則，擬於本款末段增入「其利用軍人地位觸犯本規定者，加重其刑」等字樣。

（說明）本件按照七月十日檢討總動員法規小組會議紀錄，將「動員戡亂完成憲政實施綱要」二「役政」改為「軍事」，參酌乙項檢討結論意旨，在不違反國家總動員法原則下，並採取有關法令，謹加擬訂，合併陳明。

決定：

由人力計劃司、第二、四廳、兵役局、聯勤總部於明（十三）日上午赴部本部法規司會商研究，修正條文。

參、討論事項

空軍總部請將該軍看護士兵改為技術士兵身份案（第五廳）

本案似專為提高看護士兵待遇而請，惟查全國陸海空軍看護士兵為數尚夥，一經改訂，援例請求影響軍費預算必甚巨大，本案究應准予所請抑不准，提請公決。

「附註」

普通士兵待遇		戰車及跳傘士兵餉項	
上士	78000	上士	250000
中士	63000	中士	220000
下士	48000	下士	180000
上等兵	40000	上等兵	150000
一等兵	35000	一等兵	140000
二等兵	30000	二等兵	130000
駕駛士兵餉項		技工餉項	
上士	230000	一級	320000
中士	200000	二級	290000
下士	170000	三級	250000
上等兵	140000	四級	210000
一等兵	130000	五級	180000
二等兵	90000	六級	140000
		藝徒	90000

決議：由一、四、五廳、軍醫署、預算局會同研究。（第一廳召集）

肆、指示事項

一、關於六十個補充團及第二線兵團訓練事。（書面）

（一）部隊編練，原係陸軍總司令部執掌，故奉諭：

1. 指定陸軍副總司令湯恩伯負責監督編練六十個補充團之責任。
2. 指定孫立人以代陸軍副總司令兼陸軍訓練司令名義，負監督編練第二線兵團之責任。

（二）六十個團組成程序大要：

1. 第五廳擬定集訓地點、編練方針、編制裝備概要及預定完成時期，其預定完成時期，八月完成 1/3，其餘 2/3 於九月底完成。
2. 其他各廳局，各就其主管範圍，按照預定完成時期，而擬具各級幹部兵員、武器、裝備、服裝、營具等配備計畫方案及預算配賦案。

3. 以上各種方案由第五廳彙集呈出，批准後作一整個訓令，連同方案發交陸軍總司令部及聯勤總司令部遵照辦理。

   以上各事，限本月十六日完成

4. 陸軍總司令部基於以上訓令方案，會同有關業務機關，付諸實施。

二、技術人員分類，及技術加薪應作通盤考量，以期獲得平衡與公允，當另指定單位研究。

三、奉主席令，以後稱共軍一律改稱共匪。

第五十次參謀會報紀錄

時　　間　三十六年七月二十六日下午四時至六時三十分

地　　點　國防部會議室

出席人員　國防次長　　黃鎮球

　　　　　參謀次長　　林　蔚　方　天

　　　　　總長辦公室　錢卓倫　顏逍鵬

　　　　　海軍總部　　桂永清

　　　　　空軍總部　　周至柔

　　　　　聯勤總部　　郭　懺　趙桂森

　　　　　各廳處　　　於　達（劉祖舜代）

　　　　　　　　　　　侯　騰　羅澤闓　楊業孔

　　　　　　　　　　　劉雲瀚　錢昌祚（龔　愚代）

　　　　　　　　　　　陳春霖　錢壽恒

　　　　　中訓團　　　黃　杰（李及蘭代）

主　　席　次長林

紀　　錄　裴元俊

會報經過

壹、檢討上次會報實施程度

海軍總部報告：

第二批賠償艦，不日可到滬，已準備接收。

貳、報告事項

一、情況報告（二廳侯代廳長）略

二、戰況報告（三廳羅廳長）略

三、海軍總部報告：

1. 山東半島海面，未懸國旗之外船，擅入我領海，可否擊沉，或由外交部先行通告，如有船進口，應先通報我方。
2. 廣東海面匪船，捕獲二十餘艘。

四、聯勤總部報告：

1. 明年度軍糧人數，亟應決定，糧食部允發五百萬人份（眷糧在內），但實際需要五百五十萬人份（眷糧在內），擬請部總長力爭。
2. 新預算已呈出，行政院正審查中，俟審查後，擬請部總長召集小組會議研究，是否合乎實際之需要，如公費、副食馬乾，不照實際需要調整，則軍紀問題殊難解決。
3. 湯山學校校址，早經會議決定，應請維持原案。
4. 傷兵官兵二萬名，前以出院費太少，已呈請增加，官長如何安置，擬請一廳決定。
5. 裝甲車尚有三十二輛，奉總長指示送北平，究撥保定綏署？抑撥張垣綏署？請指定。
6. 擬訂新編部隊編制時，武器配賦，請考慮兵工生產能力，以免編制數與配賦數懸殊。

指示：

1. 軍糧人數，應請部總長力爭五百五十萬人份，如眷糧發代金，亦應按市價發給。
2. 預算俟審查後，再提部務會報解決。
3. 校址問題，仍照五廳原召集會議規定實施，如有變更，應依正式手續辦理。

4. 裝甲車三十二輛，由三、五廳研究決定。

5. 傷病官兵出院安置，由一廳與軍醫署辦理。

五、中訓團報告：

1. 將官班第一批分發七百餘人，名單已發表，現等待八月份薪糧，如能發下，即可離團，第二批四百餘人正請一廳指定分發地點部隊，預計七月份恐難辦妥。

2. 各軍官隊警官考試，迄未發榜，因此結束辦事處不能如期結束。

3. 轉業教育人員，教育部規定，應分發回原籍服務，江蘇省府原已接受外省籍二百餘人，今又分發江蘇籍百餘人，以致不能負責安插。

聯勤總部報告：

轉業軍官一萬二千人，可以運輸，如眷屬五萬，則困難甚多。

指示：

八月份薪糧，迅予發給，第二批留用將官分發事一廳速辦。

六、第一廳報告：

1. 赴美學生十二名，美顧問通知，明日赴滬，時間迫促，有關各隊明日留人辦理手續，以免誤期。

2. 回國學生安置均與五廳會辦。

3. 技術加薪，奉諭召有關單位研究，已辦理，惟尚須續商，始能有結論。

4. 將官分發地點最好請勿更改。

七、第四廳報告：

1. 太原綏署，自八月份起擬按編制補給，計廿四萬人。
2. 東北、西北人數均有增加，軍糧人數必須力爭。
3. 聞董口共匪掘口，水漲後可能氾濫。
4. 上海接收物資委員會已開始辦公，物資供應局欲於單價上簽字，因價款太高，接收委員會不願簽字。
5. 屯墾事，行政院認為非本部職責，擬將預算核除，則爾後辦理困難。
6. 聞上海有美軍剩餘皮鞋售美金一元一雙，似可購為軍用。

聯勤總部報告：

張垣綏署補給人數，應請決定。

指示：

東北屯墾，有軍事意義，應由本部辦理。

八、第五廳報告：

部隊編制，極應統一，擬從步兵團著手，新成立部隊編制如遷就配賦能力，勢必不能一致，擬定將感困難。

九、總長辦公室報告：

夏季原軍政部發給中國十滴水、行軍丹等藥品，對部隊實有莫大利益，自去年起取銷，是否可以發動以是項暑藥勞軍？

參、討論事項

擬請新聞局轉飭軍聞社，今後發稿事先務送二廳二處檢查，並請本部各單位主管，飭屬萬勿輕易接見記者，發表有關本部之一切消息，或意見，以免洩漏機密，發生錯誤案。（第二廳提）

說明：查本部為防止部屬各機關部隊洩漏軍事機密，或發佈不利與錯誤消息起見，曾先後以機宣字第五零一號及第八零零號訓令，責成第二廳負責宣傳之指導、控制與發佈事宜，按照該項訓令之規定，軍聞社所發有關本部消息之社稿事先應送第二廳審核，而各單位或個人欲發表有關本部之消息或意見，亦應先送二廳會稿後方可送發，但過去軍聞社及各單位似均未能確實遵辦，以致難免不生錯誤，如本月二十三日軍聞社用國防部名義發表毛匪澤東與岡村寧次在戰時訂立密約合作打擊中央軍之消息一則，鑄成大錯，無法挽回，今後亟有注意之必要，否則一旦發生錯誤，絕非任何方法可以挽救者也，擬請核示！

決議：

通過。

肆、指示事項

三十七年度預算亟須編訂，由第四廳召集有關單位先行研究，再訂計劃。

第五十一次參謀會報紀錄

時　　間　三十六年八月九日下午四時至七時

地　　點　國防部會議室

出席人員　國防次長　黃鎮球

參謀次長　林　蔚　方　天

總長辦公室　錢卓倫　顏逍鵬

陸軍總部　林柏森

海軍總部　桂永清　高如峰

空軍總部　周至柔（徐煥昇代）

聯勤總部　郭　懺　趙桂森

各廳處　於　達　侯　騰

羅澤闓（王　鎮代）

楊業孔　劉雲瀚

錢昌祚（龔　愚代）

陳春霖　錢壽恒

中訓團　黃　杰

列席人員　彭　勱　黃顯灝

主　　席　次長林

紀　　錄　裴元俊

會報經過

壹、檢討上次會報實施程度

一、修正紀錄：

海軍總部報告：2.「捕獲匪船二十餘艘。」修正為「捕獲匪船十四艘。」

二、聯勤總部報告：

1. 太原綏署補給人數，七、八、九月份擬仍照舊發給。
2. 接收委員會於單價上已簽字，並開始接收。

指示：

太原綏署補給人數，九月以前仍照舊發給。

貳、報告事項

一、情況報告（二廳侯代廳長）略

二、戰況報告（三廳王副廳長）略

三、空軍總部報告：

1. 榆林方面協同作戰，已遵主席指示辦理，若鄧副主任有逕行請求事項，請復飭由胡主任統籌核辦，逕洽空軍第三軍區劉司令辦理，以免公文繁複。
2. 濟南空軍基地油彈運屯，請聯勤總部派車協運。

四、聯勤總部報告：

1. 濟南空軍基地補充，公路暢通，即可照辦，膠濟路青（島）益（益都）公路旬日可通，已派黃副總司令攜款前往就地購補，臨沂沂水間公路仍有阻礙，運輸至感困難。
2. 新兵過滬，各界以五十億慰勞新兵，並發動娛樂、衛生等項協助軍隊，至可感謝。
3. 關於人數核實，迭奉主席諭：由聯勤總部與糧食部會辦，擬請由一、四、五廳、監察局、新聞局、副官處、部本部軍職人事司、聯勤總部各有關單位會商，研究點驗辦法，並請一廳召集。

4. 徐鄭一帶部隊損耗補充，限三週完成，現物品已準備妥當，惟部隊尚無確切損耗數字報來。

5. 美造特種手榴彈，尚存三千顆，可否發交保密局應用。

黃次長報告：

行政院意見：部隊點驗，民意機關應參加。

指示：

1. 3. 項照辦，由第一廳召集各單位討論，擬具計畫呈核。

2. 特種手榴彈分交二廳及海軍總部應用。

參、討論事項

急待解決之各軍事學校校址案辦理情形（書面）（第五廳提）

一、新制軍校校址案：

新制軍校校址奉主席侍地字 21708 號代電核定：「新制軍校不如設在南京軍訓團，或重慶亦可」等因，嗣奉總長指示「地點可借用警校校舍」等因，遵於七月廿八日會同顧問團派員前往警校勘察，顧問團認為不適合軍校校址，且該地後又奉主席侍地字第 21950 號代電核定由警校繼續使用。八月一日魯克斯將軍親赴中訓團偵察，認為該地適為軍校校舍，並希望早日決定，俾能於十月中旬以前將該團現有房屋全部騰讓，以便籌備。綜合以上情形，如採納魯克斯將軍意見，則中訓團勢必遷移，惟該團現正陸續舉辦各項短期訓練班，究應如何辦理，請決定。

二、參謀學校校址案：

參謀學校校址預定設於南京，前曾擬以湯山彈道研究所為校址，嗣該地由兵工署簽奉總長核定仍為彈道研究所所址，另飭聯總在京勘覓，迄無適當地址，後顧問團曾建議利用武漢中訓分團房屋，亦以離京過遠，未予採納，後復預定價購成賢街民屋為該校校址，亦未成功，現顧問團催辦甚急，該校校址急待決定。

三、陸軍大學校址案：

陸軍大學校址原奉主席核定設於湯山砲校現址，當時砲校校址雖奉核定在徐州，而徐州營房破爛無法利用，不能遷往，故陸大決定在校各班期及預定今（卅六）年秋季考取之特八期、廿二期暫在重慶教育，嗣在京召集將乙級三期，遂撥湯山陶廬為其校舍，繼之廿一期請求遷京教育，核定與將乙級四期共同利用中訓團房舍一部，現該校校址分散，如中訓團劃辦軍校，其將乙級四期及廿一期房舍又成問題，究應如何調整，請決定。

四、步兵學校校址案：

步兵學校校址原奉主席核定設徐州，因徐州無適當營房，故曾暫時利用砲校一部房舍開辦教官班，並曾預定在該處訓練初級班，至七月下旬顧問團建議將湯山彈道研究所撥交步校，經主席面允並經以（卅六）暑墨 4341 號代電核定，於聯勤總部聯勤教官班畢業後撥交陸總部接收。

五、運輸學校校址案：

運輸學校校址以（卅六）署墨字寅馬代電核定以鎮江七里甸營房為校址，惟該營房大部由江蘇中學佔用，迭經交涉無法遷讓，嗣由聯總派員勘查武漢中訓分團營房，認為甚合訓練需要，經本部簽請主席核示，奉侍地字第 21926 代電核示「俟中訓團武漢分團存廢問題決定後再議」，惟該校因須實施鐵道、船舶及空中輸送等訓練，現址極不適用，急待遷移。

六、兵工學校校址案：

兵工學校校址原預定設南京，利用湯山彈道研究所，現該址已奉核定撥交步校使用，尚無適當房舍。

七、經理、財務、特勤三校校址：

經理、財務、特勤等三校校址，經以（卅六）署墨 4178 號代電核定設中訓團上海分團現址，惟據中訓團報稱該址須繼續辦理水產人員訓練班，房舍已無空餘，故該校等校堪又成問題。

本部陸海空軍總部暨聯勤總部所屬各學校校址現狀一覽表

<table>
<tr><th rowspan="2">隸屬機關</th><th rowspan="2">校別</th><th rowspan="2">原有或新設</th><th colspan="2">校址</th></tr>
<tr><th>核定校址</th><th>現在校址</th></tr>
<tr><td rowspan="8">國防部</td><td rowspan="2">陸軍大學</td><td>原有</td><td>湯山砲校</td><td>重慶山洞
南京孝陵衛、
湯山陶廬</td></tr>
<tr><td colspan="3">備考：一、該校廿一期及將乙級四期利用孝陵衛中訓團房舍三幢為臨時校址，如中訓團整併，辦軍校又成問題，其將乙級三期現在湯山陶廬教育
二、研究院及特八期、廿二期在重慶辦理</td></tr>
<tr><td rowspan="2">參謀學校</td><td>新設</td><td>南京</td><td></td></tr>
<tr><td colspan="3">備考：該校校址尚待堪覓，八月五日派員會同顧問團龐莫爾上校前往岔路口前輜重兵學校（現為傘兵總隊部駐用）視察，據稱甚表同意，擬請核示</td></tr>
<tr><td rowspan="2">軍官學校</td><td>新設</td><td>南京或重慶</td><td></td></tr>
<tr><td colspan="3">備考：顧問團建議利用中央訓練團現址，惟中訓團現正續辦各項短期訓練班，困難尚多</td></tr>
<tr><td rowspan="2">測量學校</td><td>原有</td><td>江蘇蘇州</td><td>江蘇蘇州</td></tr>
<tr><td colspan="3">備考：該校已遷蘇州</td></tr>
<tr><td rowspan="9">陸軍
總司令部</td><td>陸軍軍官學校</td><td>原有</td><td>四川成都</td><td>四川成都</td></tr>
<tr><td rowspan="2">步兵學校</td><td>原有</td><td>江蘇徐州</td><td>貴州遵義
南京湯山</td></tr>
<tr><td colspan="3">備考：一、該校優考軍官千餘現在遵義訓練
二、（卅六）署墨 4341 代電飭接收湯山彈道研究所址為校址</td></tr>
<tr><td rowspan="2">砲兵學校</td><td>原有</td><td>江蘇徐州</td><td>南京湯山</td></tr>
<tr><td colspan="3">備考：徐州營舍破爛，現駐有部隊且不安定，顧問團不願前往任教，故暫在湯山教育</td></tr>
<tr><td rowspan="2">裝甲兵學校</td><td>原有</td><td>江蘇徐州</td><td>四川潼南
江蘇徐州</td></tr>
<tr><td colspan="3">備考：潼南現有該校校部及工程研究班；徐州現有學員隊一期，其初級班亦在徐召集</td></tr>
<tr><td rowspan="2">騎兵學校</td><td>原有</td><td></td><td>甘肅天水</td></tr>
<tr><td colspan="3">備考：該校曾簽請遷宛平，奉批候軍事平定後簽請主席核示</td></tr>
</table>

隸屬機關	校別	原有或新設	校址	
			核定校址	現在校址
空軍總司令部	空軍參謀學校	原有	·	南京
	空軍軍官學校	原有	杭州筧橋	杭州筧橋
	空軍幼年學校	原有	四川灌縣	四川灌縣
	防空學校	原有	北平	貴州貴陽
	空軍通信學校	原有	成都	成都
	空軍機械學校	原有	成都	成都
海軍總司令部	海軍軍官學校	原有	青島	青島
	海軍機械學校	新設		上海
		備考：上海高昌廟		
聯勤總司令部	工兵學校	原有	安徽蚌埠	安徽蚌埠
		備考：該校現正遷移中		
	運輸學校	輜重兵學校改		貴州龍里
		備考：該校亟待遷移，前曾簽請利用武漢中訓分團房舍，奉批待武漢分團存廢問題決定後再議		
	通信兵學校	原有	安徽當塗馬鞍山	安徽當塗馬鞍山
		備考：正遷移中		
	兵工學校	原有	南京	重慶
		備考：湯山彈道研究所奉撥歸步校，該校應緩遷移並另覓地址		
	國防醫學院	軍醫學校改名	上海	上海
	獸醫學校	原有	北平	貴州安順
	憲兵學校	原有	南京	南京
	經理學校	軍需學校改組	上海	
		備考：核定使用上海中訓分團房舍為校址，據報該地中訓團已辦水產訓練班，校址尚待解決		
	財務學校	新設	上海	
		備考：核定使用上海中訓分團房舍為校址，據報該地中訓團已辦水產訓練班，校址尚待解決		

<table>
<tr><th rowspan="2">隸屬機關</th><th rowspan="2">校別</th><th rowspan="2">原有或新設</th><th colspan="2">校址</th></tr>
<tr><th>核定校址</th><th>現在校址</th></tr>
<tr><td rowspan="4">聯勤總司令部</td><td rowspan="2">特勤學校</td><td>新設</td><td>上海</td><td></td></tr>
<tr><td colspan="3">備考：核定使用上海中訓分團房舍為校址，據報該地中訓團已辦水產訓練班，校址尚待解決</td></tr>
<tr><td rowspan="2">副官學校</td><td>新設</td><td>南京</td><td></td></tr>
<tr><td colspan="3">備考：核定為南京獅子山營房</td></tr>
<tr><td colspan="5">附記：
一、各臨時訓練班未列入
二、軍官訓練班地址預定為北平、西安</td></tr>
</table>

決定如左：

一、新制軍校校址：武漢分團

二、參謀學校校址：在孝陵衛另建。

三、陸軍大學校校址：湯山及孝陵衛中訓團之一部。

四、步兵學校校址：湯山彈道研究所。

五、運輸學校校址：漢口橋口營房。

六、兵工、經理、財務、特勤四校校址：上海中訓分團（警官訓練班提前結業，水產班佔屋一棟，結業後，仍交聯勤總部，海軍倉庫所佔用之一棟，應即設法遷移楊樹浦歸併）及江灣要塞班班址，由部下令（五廳主辦），均限九月十五日以前交撥清楚。

七、副官學校校址：由傘兵總隊撥一部房屋使用。（由部下令，五廳主辦）。

上項決定簽呈部總長、主席核示。

肆、指示事項

本部明（卅七）年度預算，為爭取時間計，各單位可依據今年下半年情形，延長一年計算，較為簡便，茲規定編成期限如下：

一、八月二十五日各總司令部及其他所有各單位預算彙集預算局完畢。

二、八月三十日預算局初步編審完成。

三、九月五日複審完成。

四、九月十日分別呈送行政院與主計處。

以上編審工作，預算局與預算財務司共同合作，以期簡捷。

第五十二次參謀會報紀錄

時　　間　三十六年八月二十三日下午四時至七時三十分

地　　點　國防部會議室

出席人員　國防次長　　黃鎮球

參謀次長　　林　蔚　方　天

總長辦公室　錢卓倫　顏逍鵬

陸軍總部　　林柏森

海軍總部　　桂永清

空軍總部　　周至柔（徐煥昇代）

聯勤總部　　郭　懺　趙桂森

各廳處　　　劉祖舜　侯　騰　羅澤闓

李樹正　楊業孔　劉雲瀚

李汝和　錢昌祚　陳春霖

錢壽恒

中訓團　　　黃　杰

列席人員　趙志垚　孫作人　黃壯懷　楊繼曾

主　　席　總長陳

紀　　錄　裴元俊

會報經過

壹、檢討上次會報實施程度

一、陸軍總部報告：

上海要塞班班址，奉令結束後，撥交聯勤總部，如九月十五日前應撥交清楚，請示該班是否提前結束。

指示：

1. 應於該班結業後，即行撥交。
2. 湯山彈道研究所，暫行撥步兵學校使用，將來仍應歸還兵工署。

二、總長辦公室報告：

預算編撰，請照規定時間辦理。

三、第一廳報告：

點驗計劃，昨已召集有關單位研討，將再度會商後，即可提出辦法。

貳、報告事項

一、情況報告（二廳侯代廳長）略

二、戰況報告（三廳羅廳長）略

三、陸軍總部報告：

1. 湯山聯勤學校撥交步校，原議九月十日交接，是否無變動？
2. 聯勤學校，水電、床鋪、棹椅等營具，請一併移交。
3. 近日召集各裝甲兵團長會議，所提困難，正與有關單位洽辦中，惟據報，各團表報有六、七十種之多，請有關單位審查簡化。
4. 各部隊為作戰所需器材，最好照要求發給，如查有不法，即予懲處，以免貽誤作戰。

副官處報告：

裝甲二團報來應呈出之表類，共九十餘種，查其中有各級指揮單位所規定，並非全係國防部所需，刻正清查中。

指示：

1. 聯勤學校與步校交接期間定為九月十五日，水電營具一律移交，不准移動，聯勤學校可另擬預算。
2. 表報愈簡單愈好，副官處速研究規劃。
3. 各部隊作戰所需各種器材，應主動發給，如有不合，可加懲辦，以免影響作戰。

四、海軍總部報告：

沿海情報，空軍及第二廳如有新得，請立即通報本軍。

指示：

陸海空軍，應注意直接聯繫。

五、聯勤總部報告：

1. 運輸東北兵員械彈情形。

東北運輸 3 萬 4 千 752（新兵），正運 4284，申徐運 16788，向申運途中 10603，武器及部隊月底可完。

2. 營房工程費，東北與台灣共需法幣一千餘億，追加預算僅四百億，不敷甚巨，應另行籌劃。
3. 濟南運輸情形：

⑴大汶口近日漲水，並大汶口－兗州間兵力單薄，不能多量運輸。

⑵博山－張店間尚未通車。

⑶沂水－坦埠－臨沂運輸常受襲擊，補給線路治安，請加強。

⑷留美返國學員，業已分發，刻訓練司令部

請抽派五員，是否准調。

(5) 聯勤各學校美顧問招待問題，擬請歸勵志社辦理，顧問所需汽車，因無可撥用，請五廳訂編制時，對車輛應加注意。

(6) 徐、鄭兩地俘虜，奉主席諭：運東北，查各部隊已領去約三千名，現運輸隊尚有二千名，青訓大隊三千名，是否一併運撥東北。

(7) 膠鞋著用不久即破，刻正澈查中。

指示：

1. 東北軍運情形電告熊主任。
2. 東北營房勢在必修，不然冬季將無法忍受，已商熊主任先墊。
3. 東北傷病兵，一條軍毯不夠，應加棉被，棉被製作應加改善。
4. 運輸掩護，全恃沿途駐紮部隊殊不可能，如結隊運輸，每車載武裝監護兵五至十名，機動使用，對散匪足可應付。
5. 車輛編制，現以車輛困難，應極力減少，俾符實際，本部各單位車輛亦應減少，除各單位主官外，有一、二輛公用即可，五廳應注意檢討。

六、中訓團報告：

第二線兵團幹部訓練班，十八日開課，定明日行開學典禮，該班奉令延長一週。

指示：

勵志班可參加典禮。

七、第三廳報告：

東北作戰準備情形。（略）

八、第四廳報告：

1. 特種手榴彈，除發海軍三百顆外，餘均發第二廳。
2. 空軍用子彈，接顧大使電告，已向商家訂購，美官方亦已同意。
3. 大汶口鐵橋，交通部已決定提前修復，青（島）濰間亦允即趕修。
4. 上海剩餘物資接收，遭遇困難甚多。

九、第五廳報告：

1. 青訓大隊，如東北需要，可整個撥去。
2. 留美回國學員，係一廳承辦，訓練司令部需要，應由一廳簽准。
3. 車輛編制，均先與第四廳會稿，當再研究調整。
4. 東北軍事機構調整情形。（略）

指示：

青訓大隊應整個運送東北。

十、兵工署楊署長報告：

1. 奉主席令，加裝裝甲車二百輛，現車輛不好，裝甲至不經濟，以前所裝，亦係臨時性質，不甚合用。
2. 外匯困難，應購材料未購，追加預算，雖經核准，行政院檢討，又予取銷，比利時所訂貨款未付去，空軍用子彈款，亦恐未付，亟應設法改善，不然明年工作勢將停頓。

3. 新兵器製造，曾派員赴德物色技術人才，奉院令不准用德人，請示是否再進行。

指示：

1. 裝甲車案，應呈復主席。

2. 將所需外匯開單呈報主席。

參、討論事項

一、交議案（林蔚）

1. 對美軍顧問團來往文件，凡用總長名義者，擬一律由副官處統一收發。
2. 對美軍顧問團除業務之外，關於其整個合同性者，或交涉性者，統歸第二廳擔任。
3. 對美軍顧問團之招待庶務事宜，擬統歸勵志社擔任。
4. 接收外國物資業務紛繁，如不確定主管機構，必致頭緒紛亂，日久且無可查考，擬請於物資次長之下，以徵購司及第四廳為其統一籌劃機關，以臨時組織之接收委員會為其執行機關。
5. 向美國採購軍火（其他物資除外）此後擬統一對其政府辦理，不分向廠家雙重採購，因此我方應以大使為代表，而指定皮宗敢負責連絡協助之。

決議：

除第五項再召集研究外，餘均通過。

二、關於本部一般公文處理分層負責之意見具申（第四廳提）

一、總次長裁決案件之准否，與特別重要案件，指示廳（局）處理方針。

二、廳（局）長對重要公文應指示處理原則或要點，若該案辦理原則錯誤，應由廳（局）長負責。

三、處長遵照廳（局）長指示原則或要點，決定該案處理之具體辦法，若處理辦法發生錯誤，應由處長負責。

四、科長遵照處長指示辦法，加以詳細研究後，指示承辦參謀起草，對該案中之時間、地點、數字、人名等，應加以精確稽核，如有錯誤遺漏，應由科長負責，起草文字如有錯誤，由承辦參謀負責。

五、副主官對主官上述業務處理未盡輔助之責，或巡核辦發生錯誤者，亦同樣負責。

六、關於重要案件，除按照上述分層負責外，其上級亦應連帶負責。

七、關於文書繕校封發等，發生錯誤或遲延者，除依文書人員職掌分層負責外，其重要者，主辦參謀與科處長應負監督檢查之責。

決議：

交副官處研究。

三、為報告八月十七日小組座談會有關軍糧眷糧商決事項案（第四廳、預算局、聯勤總部提）

查上次部務會報關於三十六年度軍糧眷糧奉核定按500 萬人籌配，不敷補給，請按最低需要 550 萬配撥一案，當奉主席指示由預算局召集各有關廳局署司開小組會議商決辦理等詞，遵於八月十七日召集第四、五廳、兵役局、預算局、徵購司、經理署、糧秣司、生產司各派負責人員開會商決如下：

一、查陸海空軍官兵人數按編制計算共為四百六十四萬餘人，而本部所呈之經費預算及服裝費預算均以四百五十萬人為準，故請撥軍糧亦應核實計算，以四百五十萬人為準。

二、編制以外之官兵，如交警總隊、青職、青中、編餘留用及傷患人員、犯囚俘虜及投誠官兵等，共約五十萬左右，其確數由糧秣司逕向第五廳查對，配撥軍糧仍以五十萬人為準。

三、眷糧請仍照主席批准案配撥。

等語紀錄在卷，除照案以部長名義分呈主席、院長核示外，謹此報告。

四、文武職人員待遇調整一致後，國軍眷屬及福利品應如何辦理案（聯勤總部提）

說明：最近南京各報公佈行政院政務會議決定，軍職人員待遇調整與文職人員一致後，眷糧及福利品即將取銷等語，惟查文職人員亦有日用必需品供應辦法，京、滬、平、津等地公教人員每人每月配給食米、燃煤、糖、鹽及食油五種，每半年並配售布疋一次，僅扣不及三分之一之少數價格（平、津現發差額金，職員每人每月二十萬元，工友減半），與本部眷糧及福利品規定名殊而實同。

擬具辦法：文武職人員待遇調整一致後，軍人眷糧及福利品供應辦法，謹擬呈三項如左：

1. 仍照本部現行規定繼續發給國軍官兵眷糧及福利品（京、滬兩地機關官佐按眷口人數發給米、油、鹽、醬油、燃煤五種，部隊官佐按眷口發米、鹽兩種，其他各地區官佐一律每員月發米五十市斤，技術及殘廢士兵減半），最近奉總長電，東北區官佐眷屬加發燃煤、黃豆、食鹽三種，如照本辦法辦理，文武待遇一致後，行政院必難撥款，應請預算局妥籌的款，否則即無法舉辦。
2. 京滬、平津、東北等地區照行政院日用必需品配給辦法辦理，其他各地區官佐仍照現行規定，每戶月發眷糧五十市斤，殘廢、技術士兵減半（如照本辦法，京滬發實物，平津、東北發差額金，亦應請預算局妥籌的款，始能舉辦）。
3. 京、滬、平、津等地照行政院配給規定辦理，其他各地區眷糧一律停發

右三項辦法以何項為當，提請公決。

五、請改訂海軍艦艇人員眷屬福利品發給辦法（海軍總部提）

說明：（一）現行眷品補給辦法：

一、京滬兩區陸海空軍機關學校官佐發柴、米、油、鹽、醬油五種，士兵發米一種。

二、其他地區海空軍官佐發米、鹽兩種，海軍之雷達軍士、空軍之機械軍士、飛行軍士均比照辦理

（二）現在補給情形：泊南京之艦艇人員均自卅十五年十月份起按五種具領，泊上海之艦艇自去年十月份起按兩種領取，本年四月份起滬區已由聯勤部規定按京區同等待遇得領五種，至七月間港口司令部通知本軍之上海補給總站，謂艦艇乃係部隊，非屬機關，僅能發米、鹽兩種，應自四月份起從新核結。

理由：艦艇人員素質較高，培養不易，所服勤務亦較辛勞，且其俸給不逮招商局及商輪遠甚，若眷屬福利品返不及陸上機關，則對於鼓勵官兵海上服務及建軍均有妨害

辦法：（一）艦艇官佐眷屬住京滬者，其福利品仍照四月份起之規定，住於其他地區者亦依當地機關規定發給。

（二）艦艇所有軍士眷屬住於有海軍機構所在地者，均照雷達軍士例按其直係親屬每人月發大米三十斤、食鹽一斤（艦艇無固定駐地，故不援用「隨住任所」之規定）。

指示：

三、四、五案處理原則：官兵均應仍發現品，先從海空軍及一部陸軍實施，再逐步推及全體，品類亦儘可能發給，由聯勤總部召集各有關單位會商簽核。

肆、指示事項

一、第二線兵團補給，應照新制度辦理。

二、關於人事升遷調補各級權限，亟應劃分清楚，由第一廳擬案呈請林次長主持研討。

三、以後部隊高級人事任免，應同時通報行轅綏署，或由行轅綏署轉令。

四、未經呈准之機構設立，影響軍風紀至為重大，整飭之道，首在簡化機關，由林次長主持，注意檢討。

五、解決東北運輸困難，運輸署應商請招商局徐總經理協助。

六、空軍總部應抽調運輸機五架赴東北使用。（第三廳下令）

七、東北及各地傷病醫院，均須整理，軍醫署應派高級人員前往視察，嚴加整飭，徐州總醫院人事調整，應速發表。

八、東北兵役亟需整理，徐局長應親赴東北處理。

九、年內東北人數，當有增加，一切補給主管單位應有準備。

十、二廳對最近各戰場勝利情形，應研究宣傳。

十一、四中全會即將開幕，軍事報告所需圖表應速準備。

十二、三廳將所有東北各種地圖，檢送一份呈閱。

十三、東北第二處及新聞處人員，缺點最多，應速查明調整。

第五十三次參謀會報紀錄

時　　間　三十六年九月六日下午三時至七時

地　　點　國防部會議室

出席人員　國防次長　黃鎮球

參謀次長　林　蔚　方　天

總長辦公室　張斅濂

陸軍總部　林柏森

海軍總部　周憲章

空軍總部　周至柔（徐煥昇代）

聯勤總部　郭　懺　趙桂森

各廳局處　於　達　侯　騰

羅澤闓（王　鎮代）

楊業孔（鄭　瑞代）

劉雲瀚　錢昌祚　鄧文儀

王開化　趙志垚（紀萬德代）

吳　石　彭位仁（金德洋代）

徐思平（周懷勗代）

杜心如　蔣經國（賈亦斌代）

陳春霖　戴　佛　劉振世

中訓團　黃　杰

列席人員　童致誠　吳麟孫　楊凝右　黃壯懷

柳際明　吳仲行　吳仲直　孫作人

郝恩綏

主　　席　次長林

紀　　錄　魏冠中　戴季騫

會報經過

壹、檢討上次會報實施程度

一、修正紀錄：

中訓團報告：「定明日行開學典禮」修正為「二十日舉行開學典禮」。

指示：

「勵志班可參加典禮」修正為「明日九時召集該班訓話，勵志班、新聞班可參加聽訓。」

二、中訓團報告：

將官班未安置團員，共三百八十六員，計將級十三員，階級未核定者一〇二員，核定上校者七六員，核定退（除）役者八〇員，志願報請退役者三六員，原調各單位服務者一四員，深造未取錄者九員，各軍官總隊留辦結束者五六員

指示：

將級未安置，及核定上校者，查明分發，未核定階級者，另案簽辦，核定退（除）役及志願報請退役者，速辦，原調各單位服務者，如何改調，深造未取錄及各軍官總隊留辦結束者，如何分發，均由第一廳從速辦理。

三、第一廳報告：

1. 點驗辦法，已擬妥呈出。
2. 人事升遷調補，因各行轅綏署，無人事資料，及部隊移動頻繁，負責審核不便，應仍照人事職掌劃分辦法，加強行轅綏署主任之人事建議權。
3. 行轅綏署所指揮部隊，高級人事任免，均已隨時分知，或轉令。

4. 陸大特八期考取者，八十三人，主席特准者十五人，業已公佈，並限十月十一日在重慶山洞開始報到，十月下旬開學。
5. 陸大乙級將官班第四期，已考取及格者八十一人，並奉核准一百人為限，第二次體格檢查，定本月十日舉行。
6. 憲警分權，業已開會決定，改正憲兵令，已簽呈總長核轉部長，提出行政院核定。
7. 本年雙十節敘勳，因剿匪戰役，已隨時辦理勛獎，故只限於特殊人員，其他一般敘勳，留待元旦再辦。
8. 定期任官任職，因去年停升，春季因人事評判會停開，迄未施行，現人事評選委員會已奉核定，切望本月份能如期開會，得以調整官佐。

指示：

點驗委員會案，先請部本部審核後同時發表，糧食部要求參加，可以加入。

貳、報告事項

一、情況報告（二廳侯代廳長）略

二、戰況報告（三廳王副廳長）略

三、第二廳報告：

東北行轅第二處，係前軍統局調查室改組，營口稽查處係東北保安長官部所派，二廳對其業務無法控制，已簽請將所有行轅綏署第二處，統歸駐在地長官調整，正與一、五廳會稿，請速會辦。

四、第三廳報告：

卅七年度國防部施政方針，與工作綱領草案。（書面）

黃次長報告：

行政院以明年度施行憲政，各部施政方針，只須訂定四個月，預算仍訂全年。

指示：

1. 三廳照部長批示各點整理後，呈主席核示。
2. 以密件發交各總司令部，及各廳局主管密存參考。

五、海軍總部報告：

查海軍總部卅七年度預算內，並未包括明年度接收美贈艦，及裝配日本分配之艦艇，現此項預算概數，已奉核定，而施政方針復奉批增加接收美艦，及編配日艦一條，明年度預算，不敷分配，如何？請示！

指示：

明年海軍人數增加，恐不可能，現有艦船，在預算可能範圍內整理，不能使用者，或發交國營航業機關，或標賣。

六、第五廳報告：

1. 抽調旅編組及調動情形：

(1)抽調旅，原定二十一個，六十二師奉令改軍後，原抽調旅，歸還建制，其他二十個旅，已決定開始行動者，十四個旅，未決定者，六個旅。【以下速紀錄有錄，但正式紀錄無】第三師、第十師奉准暫緩抽調，第九師請求不抽，改為三旅九團制，主席曾批示須抽調，該師仍請求緩抽中，第十四師請求暫不抽調，主席尚未批示，六十六師決定旅番號後即可施行，三十八師已報以十七旅為抽調旅，但該旅行動如何尚未據報。

⑵各抽調旅內之團番號，新成者，一律照上次會議決定，賦予由新一團至新五十團之番號，並分配於各旅，此案已奉核定，日內即可發至有關單位。

2. 編制職掌劃分案：

⑴關於編制職掌劃分，已遵綜合檢討委員會議之決議，由本廳於本星期四（九月四日）開會研究，除暫不授權各總司令批准以總長名義頒佈外，其餘可照顧問團建議實施。【以下速紀錄有錄，但正式紀錄無】照該建議案中，以後之編制裝備表分為四類，計：

甲、編制裝備表（戰鬥）。

乙、分配表（機關、學校、集團軍以上）。

丙、配給表（凡機關無分配表者與配給表一或裝備表以外者）。

丁、個人服裝裝備表。

⑵照本案實施後，第五廳主要在控制各軍種及其他直屬單位分配之總員額，而各種表式之細部擬定，則由各總部或主管單位負責，至總員額之分配，應再為檢討調整，俾能與總軍額人數相符合。

指示：

1. 抽調旅案，即通知各行轅綏署說明，除每師二旅六團外，其餘一旅，如何編組由本部處理。
2. 駐地可徵詢行轅綏署意見，為便利前方應用，以在前線後方為宜，為本部補充監督方便，須稍向後移，可參酌辦理。
3. 人事問題，另行檢討。

七、新聞局報告：

1. 奉令往東北視察，東北報紙太多，經研究已決定裁減四分之三，新聞工作人員，已規定不得離開，部隊人事亦已調整。
2. 奉主席手令，東北、北平應設人民服務總隊，各部隊亦感需要，如經費能解決，人員現無問題，請示是否辦理？
3. 實際考察，下級新聞工作人員，仍感不夠，新聞班下週畢業，九百餘名，擬分發東北二百名，北平三百名，補充團四百名。

指示：

1. 人民服務隊主席指示要辦，應遵辦，但須緊縮之機構，亦須緊縮，可從新檢討。
2. 目前部隊缺乏新的精神，造就新聞工作人員，應注意培養新的精神。

八、預算局報告：

1. 卅七年度軍費概算審查擬編情形。（略）
2. 卅六年度外匯審查核減情形。（略）
3. 各單位預算，請按審查後核減數字，另編計劃與預算，務於九月九日前逕送預算局，俾趕速彙辦，於九月十五日前彙呈部長轉送行政院。

空軍總部報告：

根據施政方針，維持作戰兵力及作戰效果，空軍方面預算實無法自行核減，如鈞部對本部前報預算，認為必須核減者，請由鈞部逕行剔除，無須空軍重報。

聯勤總部報告：

明年預算，凡可能追加之業務，應於附記內詳細說明使行政院有所預備，並將去年敵偽物資及剩餘物資，貼補情形比照說明。

第六廳報告：

預算配合，應按比例控制。

指示：

1. 將空軍原計劃檢出與預算局核對，如某項事業經費，可專案報請者不列入預算內，或列入於附記內，詳細說明。
2. 目前預算，仍如期呈出，將來再按各軍種力量與業務訂一比例數。

九、軍法處報告：

1. 綏靖區臨時軍政緊急措施法第二條第五款，適用法律管轄條例規定軍法機關，受理案件，不僅以軍人為對象，司法行政部提出異議，經簽請行政院關於東北九省及冀、熱、察、綏、晉、陝、豫、鄂等二十省凡盜匪及防害交通器材等，仍由軍法辦理，已獲通過。
2. 禁毒及防害兵役案，陝、甘、寧各省自十月份起交還司法機關辦理。

十、聯勤總部報告：

1. 本年冬服籌補情形。

查本年冬服因經費、材料及時間之限制，現按四百萬人份籌辦，但目前實有受補人數連同新兵約達四百六十萬人，新製冬服不敷分配，擬仍照往年成例，按各地實有人數儘籌製數目及實際需要情形分區折成補給，其未補成數則利用上年餘存新品或整修上年舊品補足之。茲將擬定本年新製冬服補給成數列表如次，是否有當，敬請公決。

擬定新製冬服補給成數表

東北內蒙西北區－東北九省、熱、察、綏、新疆及甘肅之河西

一般品種補給成數								
棉衣褲	棉帽	軟帽	綁腿	棉手套	棉大衣	棉背心	棉被或軍毯	面巾
10	10		10	10	5	5	4	10
備考：（1）東北區棉被與軍毯務發給。 （2）凡發有皮大衣、皮背心、皮毛三套者，即不發棉質品。								

華北區－隴海線以北各省（包括線上）

一般品種補給成數								
棉衣褲	棉帽	軟帽	綁腿	棉手套	棉大衣	棉背心	棉被或軍毯	面巾
8	8		8	10	5	4	4	10

華南區－隴海線以南各省（不含線上）

一般品種補給成數								
棉衣褲	棉帽	軟帽	綁腿	棉手套	棉大衣	棉背心	棉被或軍毯	面巾
7		7	7		2	4	3	10
備考：（1）棉大衣僅供夜勤人員用。 （2）■……								

附記：
1. 本表僅列普通冬服，防寒服裝另案配合補充。
2. 官佐傷殘員兵、新兵悉按十成補給。

2. 航空工業局請撥光華門外營地五百畝建廠，可否？請示！
3. 漢口橋口營房及武漢中訓分團團址撥作校址，請國防部補下命令。

指示：

1. 2 項由空軍總部正式備文請撥。

2. 3 項由五廳補下命令，以後營房由聯勤總部統一管理。

參、討論事項

一、本部各種手冊之編訂（參謀總長辦公室提）

查現行各種法規，新舊錯綜，而非常繁冗，衡諸軍隊需要，似應化繁為簡，重新釐訂，舉凡治軍練兵之基本冊籍，除各種教程及各兵科典範令外，其他屬於行政範圍必要者尚多，本部各主管部門，應本此原則，各就主管業務，從速編訂各種手冊，彙集成卷，為各級承辦人員所共循，為上下官兵所共曉，並列為軍隊中固定之公發書籍，頒行全軍，共同遵守。茲將擬訂之各種手冊列表如左：

名稱	主辦單位	交辦	備考
參謀手冊	第二廳 第三廳	卅六年七月廿六日發（卅六）宿烏字第○二五九號訓令	奉手令辦（內含情報），三廳主稿
勤務手冊	第一廳與副官處會編，歸一廳主辦		奉手令辦（內包括軍隊禮節、軍隊內各國際交際儀節等）
監察手冊	監察局		奉手令辦
衛生手冊	軍醫署		
人事手冊	第一廳	（一）卅六年六月卅日發（卅六）宿烏字第○二三一號訓令 （二）卅六年九月一日發（卅六）宿皇字第○三八二號訓令	（一）奉手令辦 （二）為五十個補充團用
軍法手冊	軍法處		
兵役手冊	兵役局		
預算財務手冊	預算局 財務署		
新聞手冊	新聞局		
撫卹手冊	撫卹處		
武器使用保管手冊	兵工署		
文書手冊	副官處		
訓練（行政）手冊	第五廳		擬增編
通信手冊	通信署		
運輸手冊	運輸署		
營房管理手冊	工程署		
補給手冊	第四廳		擬將補給經理分編為兩手冊
經理手冊	經理署		
附記：一、勤務手冊即係前令辦之行政手冊。 二、補給與經理手冊即前令合辦補給經理手冊。			

決議：

1. 原則通過，手冊名稱、項目、大小，由第五廳召集有關單位審核規定，於部隊編成前一律準備完成。

2. 增列民事手冊。

二、為本部各廳（局）間，凡非其職掌以內而須與其他廳（局）會商方克決定之事項，不得先以總長名義令行以維命令威信案（第五廳提）

說明：現本部各廳（局）間，常發生互相承辦總長命令，互相令飭辦理而始終不能解決之事，譬如各單位擴大編制、提高階級乃本廳主管，而其他廳局有時逕呈核准後，以總長命令本廳辦理，本廳如遵辦則與緊縮之原則及一般官制規定不合，遂不得不簽具意見，請示後，仍以總長命令批復，互相命令而仍不能解決，殊有失命令之威信。

辦法：1. 本部各廳（局）間執行業務時，凡須兩單位洽商而後方能決定之事項，應先行洽商獲得協議，然後簽請批示後再下令實施，不得逕以總長命令行文，但必須以命令飭辦者例外。

2. 各廳局互相尊重其職掌，凡非其職掌以內之事，應送主管單位辦理，或先送主管單位核會後再辦。

右擬兩項辦法，是否有當，提請公決。

決議：

通過。

肆、指示事項

一、關於節約，主席總、長均有指示，概括分為物品、金錢、人力三種，請有關單位先行研究再定時召集商討，經費、汽車、油料、物品等項節省，本部由總務處，其餘由聯勤總部研究腹案，編制緊縮，由五廳研究腹案。

二、關於保密，請各單位切實監督所屬，養成習慣。

三、各廳局間有連帶關係之業務，應互相會辦，或下通報或事前以電話商洽。

四、自下週星期二起（九月九日），美軍顧問團為加強業務聯繫，每週星期二、四、五下午二時至四時半派員赴一、四、五廳、副官處、預算局工作，各單位可預先準備研討資料提出，或臨時開會，並備棹椅位置。

五、抗戰陣亡將士忠勇錄，由撫卹處與史政局切取連繫，務期早日編訂。

【以下指示事項於速紀錄有錄，但正式紀錄無】

六、四中全會報告書印好後檢出呈閱。

七、各行轅綏署第二處劃歸行轅綏署後，人員考核仍應照人事法規辦理。

第五十四次參謀會報紀錄

時　　間　三十六年九月二十日下午三時至七時三十分

地　　點　國防部會議室

出席人員　國防次長　黃鎮球

參謀次長　林　蔚　方　天

總長辦公室　錢卓倫　顏逍鵬　張數濂

軍務局　楊振興

陸軍總部　孫立人　林柏森

海軍總部　周憲章

空軍總部　周至柔

聯勤總部　郭　懺

各廳局處　於　達　侯　騰　王　鎮

楊業孔　劉雲瀚　錢昌祚

鄧文儀　王開化　趙志垚

吳　石　金德洋　徐思平

杜心如　蔣經國（鄭　果代）

陳春霖　戴　佛　錢壽恒

中訓團　黃　杰

列席人員　孫作人　黃顯灝　婁定禮　李賢生　楊凝右

主　　席　次長林

紀　　錄　魏冠中　戴季騫

會報經過

壹、檢討上次會報實施程度

一、修正紀錄：

次長黃報告：報告事項四，「各部施政方針，只須訂定四個月」一句，應修正為「各部只須訂定本年度四個月中心工作」。

【以下速紀錄有錄，但正式紀錄無】

二、預算局報告：

1. 預算已編成印好，行政院陳會計長云須憲政府准後再訂，可能將今年預算延長三個月。
2. 俟政院確定後再送。

指示：

今軍政府係過渡政府，故預算編就未送去行政院，俟憲政實施後再編預算。

貳、報告事項

一、情況報告（二廳侯代廳長）略

二、戰況報告（三廳王副廳長）略

三、陸軍總部報告：

1. 本部所屬訓練司令部，奉令澈底執行訓練任務，關於人事、經濟、補給等職權，如何劃分，擬請予以明確規定。
2. 指定訓練之部隊在訓練期間，一切經理、補給事宜，擬請責由訓練司令部先行考核後轉請聯勤總部發給。
3. 為澈底建立軍隊內務、經理、衛生等新的制度，必須增設營務處。

第一廳報告：

青年師人事協議辦法：(1) 將官由各師逕呈參謀總長，校尉官由各師呈報陸軍總司令，不必分呈他處，(2) 第一廳對將級人事，陸軍總部第一署對校級人事，須先向預幹局徵詢意見後再行辦理，(3) 預幹局對青年各師人事得有權向第一廳（將級）與陸軍總部第一署（校級）建議。

第五廳報告：

1. 訓練司令部編訂，除體育處併入教育處外，餘均照孫司令所擬核定，惟研究營務處之業務屬於聯勤範圍，應由聯勤總部供應局辦理，不必另立，故將營務處改為總務處。
2. 幹部班請發畢業證書，已簽准發給軍校軍官訓練班證書。

聯勤總部報告：

營務處需要研究，以前無此組織，關於建立新的補給制度，聯勤總部將與訓練司令部切取連繫研究實施。

空軍總部報告：

本軍每軍區配置有供應機構，亦常生糾紛，經研究結果凡補給事項，承補給司令之命令，指揮運用承軍區之命令。

孫立人報告：

1. 訓練司令部要求不在人事權，只在建立合理制度。
2. 訓練時間有限制，訓練武器彈藥無補給，由訓練司令部核轉聯勤發給。
3. 由陸總轉呈訓練司令部編制，主席指示多方設計，執行營務處內務、經理、衛生方面，機構毋須加強，照原編招練，要改革必須加強營務處。

指示：

1. 青年師劃歸訓練司令部訓練期中，人事如須調整，訓練司令部可以建議。
2. 營務處要否設置，五廳再加研究。（或將軍官訓練班擴充業科調入訓練。）
3. 補充由聯勤總部派供應機構配屬訓練司令部。

四、空軍總部報告：

1. 修理大教場機場跑道，工程擬分三期，總預算需千餘億，第一期預定今年底完成，請預算局專案報請，先撥第一期所需經費。
2. 國防部近有逕行文至空軍基地司令部者，請以後仍由本部轉令。

指示：

命令系統各單位切實遵行。

五、聯勤總部報告：

1. 指撥聯勤各學校房屋，五十一次參謀會報決定九月十五日交接，現上海中訓分團團址，警校不肯移交，海軍讓出倉庫，又已移交青年軍，聯勤各學校均形停頓，請國防部下令遷讓。
2. 新聞局直接分派本部新聞處人員，並飭先行到差，事出兩歧，因此發生重複，此後請仍照人事主管程序辦理。
3. 第二線兵團衛生器材裝備，尚無預算。
4. 六十五師留置鄭州重武器，本部無力運輸，請

三、四廳檢討。

5. 魯中與魯南間交通線請加強維護，部隊移動時，請同時通知本部。
6. 參謀會報指示節約事宜，經費、油料、物品等項，由本部負責檢討，海空軍方面請自行研究。
7. 青島無線電話，已有保密設備。
8. 黃河沿岸工事，請由陸軍總部辦理。
9. 徐州附近各部隊已補充齊全，各省保安團對所需械彈，請四廳詳加檢討。
10. 洛陽－潼關間山洞，不宜自行破壞。

指示：

1. 上海中訓分團房屋，由第五廳下令中訓團通知警校遷讓。
2. 萊蕪補給線路，四廳下令王司令官修理。
3. 六十五師留置鄭州武器，由空軍分別緩急，予以運輸。

六、中訓團報告：

1. 將官班及軍官大隊結束會議之經過。（書面報告）
2. 本團大禮堂第二期工程費，奉命飭工程署估價候核，仍懇從速核定，以便即日興建。
3. 幹部班第二期、勵志班第二期開學，及監察班第一期畢業，奉准二十二日於國防部大禮堂舉行。

指示：

1. 1 項照決議辦，屯墾業務交農林部辦，人力計劃司應速催辦，以免影響結束。
2. 大禮堂速行建築，經費在教育費內開支。

工程署報告：

工程署人與經費均感困難。

七、第一廳報告：

1. 本部各廳局屬於人事方面，擬照第一廳與預幹局協議辦法，與有關各廳局於下週星期一下午三時開會協商.

2. 留美回國學員，原規定須在學校服務二年，請各總部注意。

指示：

1. 人事仍由第一廳管理。

2. 回國學員，各總部可隨時派至學校服務。

八、預算局報告：

1. 外匯問題，頃得行政院通知，先解決空軍與兵工方面所需，定於下星期一呈出公文，星期四討論。

2. 三十七年度預算，業已編印完成，因行政院原擬將本年預算延長三個月，故未送出，適接行政院通知，決定仍須送出。

聯勤總部報告：

兵工原料外匯，須速提出，又購買八百架報話兩用機，需八萬外匯，請一併解決。

指示：

照行政院規定積極辦理。

九、新聞局報告：

1. 新聞人員人事，仍由第一廳管理，新聞班第三期須於九月底召集，請五廳注意。

2. 奉主席指示，軍事新聞由本局負責，每周發佈兩次，請二、三廳多予協助。

辦法：一、由新聞局、第二廳、第三廳各派主幹人員組織國防部新聞發佈組，由新聞局主持。

二、第二廳負軍事情報資料供給及審核與保密之責，第三廳負戰鬥消息（可公布者）供給之責。

三、新聞發佈：

1. 戰訊每日發二次，每週綜合報導一次。
2. 一般軍事新聞交由中央社、軍聞社照常發佈，仍由二廳派員審核。

四、新聞發佈組辦公地址暫定在國防部招待所，由該所撥房屋二間充辦公用。

五、發佈組需用交通工具擬請聯勤總部撥吉普車乙輛備用。

六、發佈組及招待記者所需經費由新聞局擔負。

七、另訂新聞發佈組辦法數條附後。

決議：由新聞局召集二、三廳先行研究

3. 人民服務隊，每團配屬，經費困難，可否分三期辦理。

4. 共匪高級幹部反省所，尚無地址，金山寺可否暫時應用。

指示：

4 項先集中咸寧。

十、民事局報告：

各縣（市）民眾自衛隊組訓辦法草案，經本部於八月一日呈行政院審查候，除八、十六兩條刪除，十七、十八、十九、二十，四條併為一條，第三、七、廿八、卅，四條修正外，餘均保留原條文，下星期二行政院會議時，或可通過。

參、討論事項

一、現行軍帽式樣，前方作戰部隊使用，多感不便，擬請決定改進辦法案（第一廳、聯勤總部提）

理由：查現行軍帽式樣計分硬式及船形兩種，前者因體積龐大，無法加戴鋼盔，而裝運攜帶尤感不便，後者則以無帽簷，射擊時目力易受陽光影響，前方部隊紛紛請求改善，本年配發夏服時，各部隊因上述困難，多有將硬式軍帽仍存倉庫而迄未領去者，故如何改進或補救之處，似應早日加以決定。

辦法：前方作戰部隊改進意見：希望改發舊式軍帽。

聯勤總部、第一廳會同研究意見：

一、軍帽式樣，應以適用、便利、經濟及美觀為原則。

二、機關學校及後方部隊，仍以戴用現行軍帽較為適便壯觀。

三、為求取前方作戰部隊官兵使用便利起見，除棉皮質軍帽仍照原式製發外，謹擬具冬夏服軍帽式樣三種（如附圖），提請公決。

一式之一

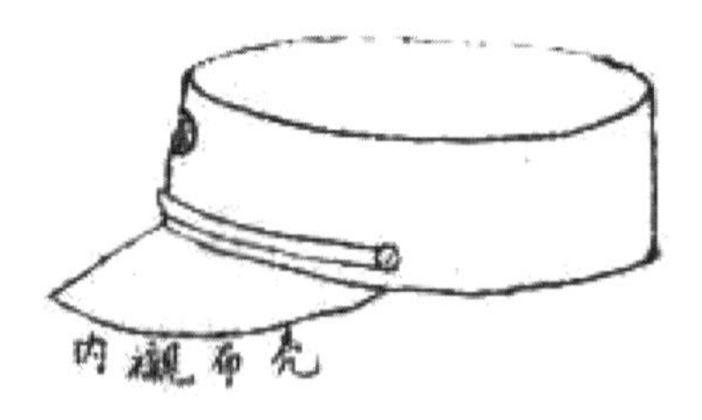

說明：

1. 比較省料
2. 帽簷內襯布殼質地稍軟，但不易折損
3. 後沿開叉因式樣限制似不相宜

一式之二

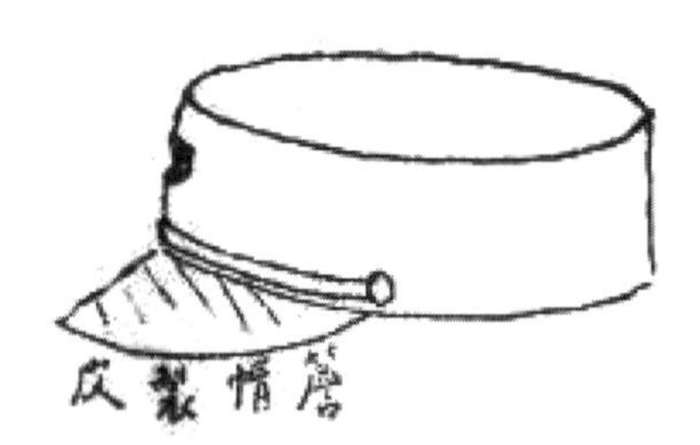

說明：

式樣與一式之一相同，惟帽簷係用皮製，需費較多

二式之一

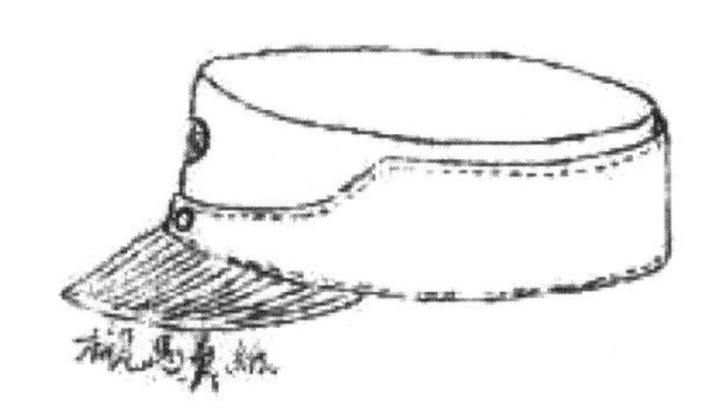

說明：

1. 比較費料
2. 帽簷內襯馬糞紙質地稍硬，但有易於折損之弊
3. 後沿開叉因式樣限制似不相宜

二式之二

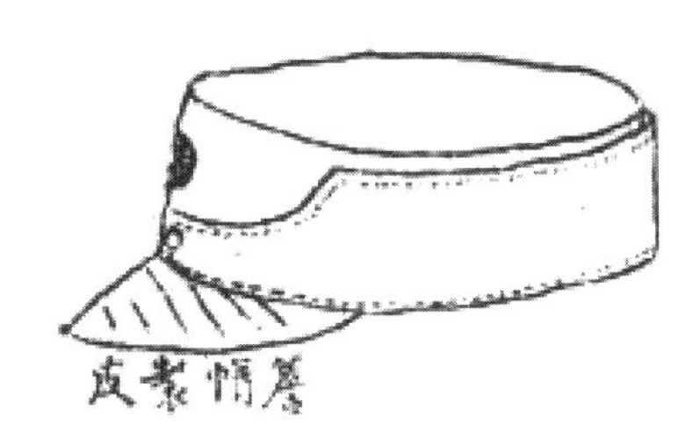

說明：

1. 式樣與二式之一相同，惟帽簷係用皮製，需費較多
2. 帽花綴縫地點較窄，現形官長帽花如不縮小，綴縫頗有困難

三式之一

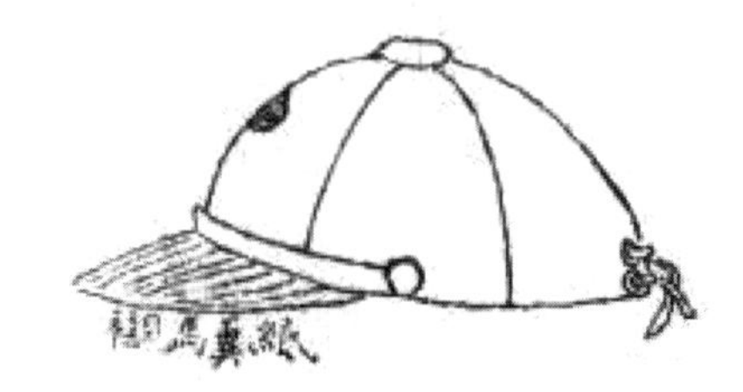

說明：

1. 材料最省
2. 後沿可以開叉，大小可以伸縮
3. 甚合前方使用，惟形如便帽似欠壯觀
4. 官兵一律採用士兵帽花

三式之二

說明：

1. 式樣與三式之一相同，惟帽簷係用布殼，質地較軟
2. 帽簷亦可改用皮質，但需費較多
3. 後沿亦可不開叉，改為大號、中號、小號

二、擬修正軍服制式及製作辦法請公決案（聯勤總部提）

一、前奉總長陳未舜自第 2462 號午養代電，以奉主席蔣午佳侍黃字第 41202 號代電，為美駐華武官道斐德上校等參觀南京、平、津等地工廠提供改善意見，飭切實改進具報一案，其中關於軍服製作一項，美武官意見「被服製作應注意人體高矮肥瘦」，奉總長指示辦法「通令各被服廠照此項原則力求改進」等因，查軍服尺寸在抗戰期間係分五個號碼製作，本年度夏服奉准改為四個號碼，冬服准改為三個號碼，並將尺寸放大，業經施行在案，奉電前因當以明年夏服製作在即，即飭經理署召集國防部第一、四、六廳暨本部第四、六處開會檢討，經決定仍改五個號碼，每號再分特別、普通二種，以適合肥瘦。

二、奉行政院頒行節約消費綱要實施辦法第七項第八款，軍警制服節約裁剪飭由本部與內政部切實辦理呈院備案等因，當經商由總長辦公室錢主任決定軍服節約裁剪辦法如次（均按 450 萬人計算）：

1. 夏季軍帽減發一頂可省布 3 萬 8500 疋。

2. 單棉軍服後背不開叉可省布 4 萬疋。

3. 取消棉大衣後背緊縮帶可省布 1 萬 4000 疋。

三、一般官兵對現行軍帽制式頗嫌不便，官佐夏服腰帶亦嫌累贅，擬請軍帽制式加予修正，官佐夏服腰帶廢除不用。

以上第一、二兩項因明年夏服即行開始製作，擬請即予決定，第三項關係制式尤鉅，亦請賜予公決。

併案討論決議：

第一案：軍帽採用「一式之一」，惟帽牆須酌量加高，兩側須加製氣孔，帽簷不用紙質用厚布，士兵一律發軟式帽一頂（一式之一），官佐發軟式（一式之一）及硬式帽各一頂。

第二案：(1) 軍服用五個號碼，(2) 二項1.2.3. 項通過，(3) 官佐夏服廢除腰帶，冬服仍製用。

三、軍事新聞擬請成立新聞發佈組，由新聞局主辦案（新聞局提）

決議：

由新聞局與二、三廳先行研究。

四、國軍眷糧及福利品配給辦法案（第四廳、聯勤總部提）

國軍眷糧及福利品應如何辦理，前已兩次提出報告，均未作具體決定，茲謹擬甲、乙兩項實施辦法如左：

甲項

一、京、滬、平、津四市區照行政院日用必需品供應辦法辦理（京、滬兩市區配給米、油、鹽、糖、煤五種，酌扣價款，平、津兩市區發給差額金）。

二、京、滬、平、津以外其他各地區仍照現行辦法辦理（海空軍官兵計口發米、鹽兩種，陸軍官佐一律發米或麵五十市斤，技術軍士、殘廢士兵減半）。

乙項

一、京、滬市區攜眷官兵、其他各地區攜眷海空軍及陸軍官兵眷糧福利品均照現行辦法辦理，以免紛更（即1. 京、滬兩市區機關學校官佐按眷口免價發給米、油、鹽、醬油、煤五種，士兵發米一種，部隊官佐計口發米、鹽兩種。2. 其他各地區海空軍計口發米、鹽兩種，陸軍官佐一律發米或發麵粉五十市斤，技術、殘廢士兵減半）。

二、未攜眷官佐折發代金（京、滬市區照福利品籌購價格，其他各地照當地米、鹽市價折發代金）。

三、上項所需福利品及代金擬照行政院規定編列預算請款，眷糧擬請先將行政院所擬每人四萬八千元，全年共約三千零七十五億元先行一次撥下，提前購糧，以便辦理，不敷之款請預算局另行籌發（從五百萬軍糧內勻撥將不可能，業於前次部務會報中報告）。

右二項辦法以何項為當，敬請公決。

五、請增加各兵站機關臨時費以利補給案（聯勤總部提）

理由：查各兵站機關額定臨時費因給與增加及物價上漲關係，應作合理之調整，前經本部七月十九日以財政簽第 814 號簽請總長擬准按最低需要標準照原額增加一倍支給，嗣奉國防部（36）藏酒字 5036 號未馬代電頒發，自八月份起調整各項給與表內對各兵站機關臨時費僅照原額增加百分之五十計列，查本部前請按一倍增加，尚係參照五月份調整給與及當時物價情形，依最低需要標準計算，蓋以兵站機關擔任一切補給業務，任重事繁，其臨時費用之開支較一般軍事機關部隊為鉅，尤以邇來部隊調動頻繁，為配合軍事行動，對於特殊必要開支及派遣公差之事故特多，是則差旅費一項已不足支應（旅費已增加兩倍），若僅按百分之五十增發，事實上確有不敷。

辦法：各兵站機關臨時費請准自八月份起一律改按七月份數額增加兩倍列發，共計實需增加國幣 9 億 1215 萬元，流通券 1590 萬元（附請增加兵站機關臨時費數額表一份），是否有當，提請公決。

擬申請增加各兵站機關月支臨時費數額表

機關名稱	七月份以前原訂月支數	國防部此次批准自八月份起增訂數	擬申請自八月份起增訂數
第一補給區司令部	50,000,000	75,000,000	150,000,000
第五補給區司令部	50,000,000	75,000,000	150,000,000
第六補給區司令部	流通券 4,000,000	流通券 6,000,000	流通券 12,000,000
第七補給區司令部	50,000,000	75,000,000	150,000,000
第八補給區司令部	40,000,000	60,000,000	120,000,000
上海港口司令部	25,000,000	37,500,000	75,000,000
秦葫港口司令部	流通券 1,500,000	流通券 2,250,000	4,500,000
秦葫港口司令部總倉庫	流通券 300,000	流通券 450,000	流通券 900,000
新疆供應局	20,000,000	30,000,000	60,000,000
台灣供應局	8,000,000		
	備考：台灣區給與奉令另案調整，故暫不列入。		
浙江供應局	15,000,000	22,500,000	45,000,000

機關名稱	七月份以前原訂月支數	國防部此次批准自八月份起增訂數	擬申請自八月份起增訂數
安徽供應局	15,000,000	22,500,000	45,000,000
湖南供應局	15,000,000	22,500,000	45,000,000
湖北供應局	20,000,000	30,000,000	60,000,000
江西供應局	15,000,000	22,500,000	45,000,000
廣東供應局	20,000,000	30,000,000	60,000,000
廣西供應局	15,000,000	22,500,000	45,000,000
川東供應局	20,000,000	30,000,000	60,000,000
川西供應局	15,000,000	22,500,000	45,000,000
雲南供應局	15,000,000	22,500,000	45,000,000
貴州供應局	15,000,000	22,500,000	45,000,000
第一兵站總監部	25,000,000	37,500,000	75,000,000
第二兵站總監部	12,000,000	18,000,000	36,000,000
第三兵站總監部	流通券 4,000,000	流通券 6,000,000	流通券 12,000,000
	備考：該總監部已裁撤，另成立一個分監部，已按案第六補給區請將三兵站應發數增列該部臨時費內統籌配用，故保留。		
第四兵站總監部	15,000,000	22,500,000	45,000,000
第六兵站總監部	15,000,000	22,500,000	45,000,000
第七兵站總監部	15,000,000	22,500,000	45,000,000
第十九兵站總監部	10,000,000	15,000,000	30,000,000
第六四兵站支部	4,000,000	6,000,000	12,000,000
	備考：上數原係配發 20 分監部支用，該分監撤銷後，另 64 支部接辦其業務。		
第一鐵道軍運指揮部	10,000,000	15,000,000	30,000,000
第二鐵道軍運指揮部	10,000,000	15,000,000	30,000,000
第三鐵道軍運指揮部	10,000,000	15,000,000	30,000,000
第四鐵道軍運指揮部	7,000,000	10,500,000	21,000,000
第五鐵道軍運指揮部	10,000,000	15,000,000	30,000,000
第二鐵道軍運指揮部關外辦公處	流通券 500,000	流通券 750,000	流通券 1,500,000
第一區公路指揮部	4,000,000	6,000,000	12,000,000
第二區公路指揮部	4,000,000	6,000,000	12,000,000
第三區公路指揮部	4,000,000	6,000,000	12,000,000
第四區公路指揮部	4,000,000	6,000,000	12,000,000
公路軍運辦公處十七個	10,200,000	15,300,000	30,600,000
	備考：原月各支 60 萬元，增加後各支 180 萬元。		
南京水運辦公處	2,500,000	3,750,000	7,500,000
廣州水運辦公處	2,000,000	3,000,000	6,000,000
武漢水運辦公處	2,000,000	3,000,000	6,000,000

機關名稱		七月份以前原訂月支數	國防部此次批准自八月份起增訂數	擬申請自八月份起增訂數
重慶水運辦公處		2,000,000	3,000,000	6,000,000
天津水運辦公處		2,000,000	3,000,000	6,000,000
秦葫水運辦公處		流通券 200,000	流通券 300,000	流通券 600,000
鎮江水運辦公分處		800,000	1,200,000	2,400,000
九江水運辦公分處		1,000,000	1,500,000	3,000,000
宜昌水運辦公分處		1,500,000	2,250,000	4,500,000
長沙水運辦公分處		800,000	1,200,000	2,400,000
青島水運辦公分處		800,000	1,200,000	2,400,000
秦皇島水運辦公分處		流通券 100,000	流通券 150,000	流通券 300,000
合計	國幣	608,100,000	912,150,000	1,824,300,000
	流通券	10,600,000	15,900,000	31,800,000

決議：

四、五兩案專案簽核。

六、據工程署簽報，業務費之運用支配，擬由業務主管單位主持，凡未列入業務費之年度預算內，其已經墊發款項，擬請另籌專款歸墊，以利業務推行案

說明：（1）查各部門之業務費預算，係由各業務主管單位事先編擬奉准核列後，應由業務主管單位依照奉准數字配合業務計劃，按輕重緩急，妥為運用支配，過去預算局間有逕行核准或事後會章者，如三十六年度營繕費下半年追加預算奉准數，初聞為四百億元，繼聞僅壹百陸拾柒億元，迨至國防部正式通知只核列二千萬元，據附記說明八、九、十，三個月共為壹百億零貳仟萬元，除前發西北行轅新疆營房建築費壹

百億元，實撥貳仟萬元，若以之應付至十月底止，事實上殊不可能。

（2）追加預算中，十一、十二，兩個月核列若干尚未奉悉，以月份分配數推計，似只有陸拾陸億捌仟萬元，倘預算局再將前發二〇五師覃師長修繕費，台幣壹億元（合國幣柒拾貳億元）予以扣除，則追加預算已屬超支，營繕業務勢必陷於停頓。

擬辦：（1）凡屬請發營繕費之案件，擬仍由預算局簽送工程署初核，倘其初核數字未超出各主管業務年度預算範圍，預算局似可不予核改，如預算局有時逕行核准或奉上峰批准之營繕案件，請事先與工程署會章，以資聯繫。

（2）預算局核發西北行轅之壹百億元，擬請專案請款歸墊。

（3）覃師長所領台幣壹億元，已電飭仍交台灣供應局存備統籌撥用，擬請列入修整台省各地營房專款案內（土地建築司主辦，係遵奉主席手令飭修建各大都市及省會營房，案內包括有台省營房修繕費），勿再在營繕費追加預算內扣除。

（4）各勤務學校之修建費，預算局原未列在營繕費追加預算內，而在廠庫場站建設費內另列專目，現奉准核列數字，擬請通知工程署，以便審核各校修繕案件時有所依據，而前由財務署墊發工兵、通信兩校之款得以分別扣還歸墊，又廠庫場站建設費追加預算，奉准核列若干亦擬請通知各主管業務署及工程署，以便支配運用。

決議：

先撥六十億，再由預算局、工程署會商研究解決辦法呈核。

肆、指示事項（無）

附錄

中央訓練團將官班及各軍官大隊結束會議紀錄

時　　間：九月十七日上午十時

地　　點：中訓團會議廳

主　　席：黃教育長

出席人員：國防部第一廳　於廳長達

金處長元錚

吳處長慶之（陳穎畦代）

蘇處長時　（汪科長德林代）

曹處長登　（鄭科長再虔代）

宣科長武林

成科長廷儒

人力計劃司　趙司長學淵

預算局　趙局長志堯（劉國晞代）

聯勤總部財務署　孫署長作人（彭岡陵代）

中訓團將官班　丁主任德隆

辦公廳　　成主任剛
吳副主任河清
劉組長蘭陔
丁組長俊牀
劉專員志一
顧科長一和

甲、主席報告（略）

乙、討論事項

子、關於將官班部份

一、由團員改委為部員分發各機關部隊，而又請求改派者已領之旅費無法扣還案

決議：

多領之旅費應繳還，否則註銷其改派命令，以後非有重大理由不再受理改派請求。

二、凡已核准退役者其一次退役金及旅費應請與退役令同時頒發案

決議：

退役金及旅費與退役證同時頒發（如僅有退役令公文到團即暫不轉發）。

三、凡已奉核定候令退役者均經轉知，惟正式退役命令久未奉到，請提前辦理案

決議：

由第一廳一、二、五處提前趕辦。

四、已奉退役併將退役金及旅費均經領迄而又奉令免退分發服務者，應將所領之退役金及旅費繳還，否則應註銷其分發令文仍照原令退役案

決議：

照辦。

五、中訓團各次以「有」「無」案團員報請任職者，尚有各地證件多未奉發還，請掃數清發案

決議：

未發還證件造冊註明呈報年月日及文號送第一廳清發。

六、未核定階級及尚未安置者請提前辦理案

決議：

補造名冊送第一廳辦理。

七、參加陸大乙將四期體格檢查合格者請一律調為入學附員案

決議：

從十月一日起一律調為入學附員，由第一廳辦。

丑、關於各軍官大隊部份

一、東北大隊結束時間為顧慮事實上之困難，擬請准予延至九月底案

決議：

准延至九月底完全結束，請趙司長向五廳洽辦。

二、各大隊考試錄取留用校級官佐分發陸軍聯勤兩總部人員，除陸總部已分發各軍師者七個單位，尚有十一個單位未分發外，聯勤總部轉令分發情形迄今尚未見通知中訓團，致各隊員仍須留隊待命，影響各大隊之結束，應如何處理案

決議：

（一）請第一廳向陸總、聯勤兩部催辦。

（二）十月一日起各軍官大隊完全結束，前項分發人

員由中訓團轉知向陸總、聯勤兩部報到，如不能按時接收亦應由陸總、聯勤兩部擔任補給。

三、第一大隊轉業警員440員，第五大隊轉業警員80員，因重慶警訓所無法容納拒不接收，應如何處理案

決議：

（一）由復委會轉催從速接收。

（二）延至九月廿三日仍不能接收時，應照原定配撥計劃表撥補各單位軍官隊欠額。

四、第七大隊、第二十九大隊撥還保密局隊員請迅派員前往接收案

決議：

請保密局照辦。

五、第七大隊撥武漢行轅軍官隊隊員中有六十五員以素質較差被拒不收，應如何處理案

決議：

由第五廳承辦部電請武漢行轅接收後，再予處理。

六、第十三大隊屯墾人員二百餘人因未集中分團而東北屯墾局又無人接收，其十月份薪糧應否繼續補給案

決議：

仍照常補給，並由五廳催該局速予接收。

七、第廿四大隊撥鄭州指揮部及東北隊員百餘人，因隴海路交通中斷無法前往，應如何處理案

決議：

由第五廳承辦部令電西安綏署暫予接收管訓。

八、自十月一日起各軍官大隊如尚有未能離隊人員或不能完全結束者，應否繼續發給薪糧案

決議：

除東北屯墾人員另案辦理外，其餘一律不論任何理由不再補給，如必須留辦結束人員，可逕向分發機關借調。

九、各大隊隊員分發配撥各單位其薪糧卹接應如何決定案

決議：

一律以各該員原屬大隊所發之薪糧卹補證為根據，由第一廳承辦部令飭知各分發單位（將官班團員同案辦理）。

十、各軍官大（總）隊辦理退（除）役（職）早經奉令停辦，其退役金迄未報結，應如何辦理案

決議：

第一廳承辦部令電限九月底以前報結完畢，否則移監察局澈查議處。

十一、東北大隊因故未撥出隊員應如何辦理案

決議：

第五廳承辦部令電飭交由上海港口司令部即接收轉運。

第五十五次參謀會報紀錄

時　　間　三十六年十月四日下午三時至六時
地　　點　國防部會議室
出席人員　國防次長　　黃鎮球
　　　　　參謀次長　　林　蔚　方　天
　　　　　總長辦公室　錢卓倫　張斆濂
　　　　　陸軍總部　　林柏森
　　　　　海軍總部　　周憲章
　　　　　空軍總部　　周至柔
　　　　　聯勤總部　　趙桂森
　　　　　各廳局處　　於　達　侯　騰　許朗先
　　　　　　　　　　　楊業孔　劉雲瀚　吳欽烈
　　　　　　　　　　　鄧文儀　王開化　趙志垚
　　　　　　　　　　　戴高翔　金德洋　徐思平
　　　　　　　　　　　杜心如　鄭　果　馮宗毅
　　　　　　　　　　　戴　佛　錢壽恒
　　　　　中訓團　　　黃　杰
主　　席　次長林
紀　　錄　魏冠中　戴季騫

會報經過

壹、檢討上次會報實施程度

一、修正紀錄：

報告事項三，第五廳報告，2. 修正為：「原請設幹訓班，並發畢業證書，已簽准另設軍官訓練班」。

二、新聞局報告：

武漢行轅電復：咸寧營房，現住有後調旅，反省所，決暫設金山寺，對外定名為和平建國學院。

三、聯勤總部報告：

軍帽軍服改進案，經研究擬略予變更，可否 (1) 後方機關學校官兵及學員生發硬帽，前方部隊官兵發軟帽，(2) 冬夏服腰帶，改用皮帶，均已專案簽核中。

貳、報告事項

一、情況報告（二廳侯代廳長）略

二、戰況報告（三廳許副廳長）略

三、海軍總部報告：

1. 接桂總司令自煙台來電云：共匪倉皇逃竄，海港設備甚少破壞，水雷已予掃除，航行安全。
2. 威海衛方面，尚有匪軍三千餘名，海軍已砲擊並於海面捕獲漁船四艘，內男女各十二名，擬駛往大連，被捕時將攜帶物品，盡棄海中，正審訊中。

四、聯勤總部報告：

1. 津浦路，本（四）日晚可修復，補給品，可繼續運輸。
2. 雙十節犒賞傷病官兵，人數共十八萬，決定發給實物，已分別運去，並由新聞局通知各行轅綏署新聞處會同補給區代表主席慰問。

五、第五廳報告：

1. 雙十節敘勳人員不多，奉部長批示，併在明年元旦辦理。

2. 本廳於九月二十二日召集本部各廳局處議決事項如下：

(1) 各特業參謀人事，悉應遵照人事業務職掌劃分辦法辦理，即將官歸第一廳承辦，校尉官照各總司令部第一署承辦，但兵役、測量、民事等各總司令部未設此項特業參謀機構者，校官亦歸第一廳承辦。

(2) 將（監、簡）級人員第一廳向最高特業參謀主管局處徵詢意見，各局處向第一廳作定期或不定期之建議。（最好編送候選名簿）

(3) 兵役、測量、民事、校（正、薦）級人員，亦如第二項辦理之。

六、第二廳報告：

交通部印發之自動電話號碼簿，將本部及各總部所屬各單位電話號碼，及私人住宅，姓名、職務住址均詳細列入，將本部整個組織暴露，對保密防諜，影響甚大，請主管單位通知交通部改變辦法，另行編訂。

指示：

由第二廳擬訂辦法，交總務處通知交通部改訂，自動電話數目，亦應從新研討。

七、第四廳報告：

1. 光華門外營地，已撥航空工業局使用。

2. 臨汾存儲之軍用器材，請空軍設法運去。

空軍總部報告：

臨汾、安陽存儲器材，目前均無力運輸，有機再運。

八、第五廳報告：

1. 國防部、內政部，對於保安部隊，及保安警察隊權責劃分方案，奉批提參謀會報報告：

甲、保安部隊：

(1) 各省保安部隊，隸屬國防部指揮系統。

(2) 人事獎懲，依照陸軍規定辦理。

(3) 糧餉、被服、械彈、通信、運輸、醫藥、衛生器材，及傷亡撫卹等，由國防部負責辦理，編制預算，呈請行政院列入省級預算。

乙、保安警察隊：

(1) 各省保安警察隊，隸屬內政部指揮系統，但應兼受國防部之指導，如遇狀況需要時，得由國防部直接指揮調遣，同時通知內政部。

(2) 人事仍照警察法規辦理。

(3) 糧餉、被服、械彈、通信、運輸、醫藥、衛生器材，及傷亡撫卹等，由內政部負責辦理，呈請行政院列入省級預算。

(4) 配合國軍作戰時，舉凡補給、衛生，以及作戰必要開支，與獎懲事宜，由國防部負責，應予增列，但其所需物品補給，無必要之經費開支，得呈行政院列入省級預算。

(5)舉行校閱時，內政部應請國防部派員參加。

(6)其編制及訓練情形，內政部應檢送及通知國防部備查。

2. 國民政府主席，特派戰地視察第五組部隊視察概況報告表。

3. 三廳報告，部隊編制裝備研究問題，請各單位提供意見。

指示：

由陸軍總部多加研究。

九、新聞局報告：

1. 政工人員訓練，計團指導員以上幹部千餘人，擬於下月份起分期召訓。

2. 奉諭以後民眾組訓，與士兵生活情形，由新聞局負責，請明確劃分職權。

指示：

民眾組訓由民事局計劃，由新聞局執行。

【以下速紀錄有錄，但正式紀錄無】

十、為節約時間及各單位共同注意起見，各單位提出報告項，不少須與兩個單位以上者，如部隊之調動、兵員之補充等，可使有關單位紀錄。

一、用軍提案

充實各部隊缺額，加強缺額檢查機構：

1. 補充缺額。

2. 加緊第二線兵團訓練。

3. 於各軍師管區編列二十個預備師。

二、加強地方武力，固守後方安全。

三、加強民眾組織，堅壁清野。

四、扼要構築據點工事。

五、改良編制裝備——輕快。

六、嚴明賞罰——以利民心。

以上各項各有關單位研究辦法以配合三廳計劃，三廳要進一步提出具體方案以便各單位研。

第一廳：

過去人事在精兵主義政策，以後政策改變，人事已隨之改變。

指示：

俟二廳呈主席後再辦。

參、討論事項

一、為改進陸軍整備制度案（第五廳提）

理由：查目前作戰部隊整補辦法，大別為兩種，一為以未經訓練之新兵及武器器材，逕送前方部隊補充，或由部隊接領，一為以部隊後調整補，其缺點甚多，例如：

一、未經訓練之新兵，逕補前方部隊，逃亡、病患極多。

二、各部隊須抽派幹部接領，影響前方戰鬥力。

三、兵員、武器器材，不能適應時間上之需要，往往稽延時日，例如 51D、46D、70D、72D、73D、88D 等，整補半年以上，仍未能恢復戰力，又如以作戰損失部隊後調整補，則（一）每一戰場必需有較多單位之預備部隊，以備接替後調部隊之任務，（二）該項新至戰場之接替部隊，對情況、地形、敵情均不熟悉，（三）調往後方整補，待充實後再上戰場，往返既需大量交通工具，又得相當時日，不能爭取時間，應乎戰機，適時使用，凡此種種缺點，一方故由工作效率不足之影響，但制度上之缺陷尤大，故實有改革建立新制度之必要。

辦法：此次世界大戰各國之補充制度，以美國採用之油管式兵員補充制度為最收效，蓋其如油料之儲在油管中，不用時儲備無患，用時隨手扭開，油管兵員即源源供應，而為一由後向前補充之制度，適可改正我國現時作戰部隊整補辦法之各項缺點，似可參照我國國情，茲將其特點分陳如次：

（子）油管式兵員補充制度之優點

（一）各部隊所缺兵員，採逐日逐週撥補，隨時供應之辦法，故各戰鬥單位，能經常保持足額之人員，因此部隊單位雖減少，而戰鬥力量反能增強，對於人力、物力、財力均可經濟使用，因係逐日逐週撥補而以曾經受過訓練之少數新兵，滲入多數有戰鬥經驗之老兵中，無形中受戰場訓練，不久又成為老兵，故可保持部隊之素質，經常優良。

（二）兵員徵集、訓練、分配，係全國統籌設立訓練補充處，按各兵科分別訓練，並視各戰場之需要而分配兵種與人數，無顧此失彼之弊。

（三）兵員補充自成體系，設立補充兵站可逕與各戰區各部隊連繫，所有兵員補充，均係由後向前送，各單位循指揮系統向上請撥補，補充兵站即遵上級指示分配，無須戰鬥部隊派員接兵，至影響戰力。

（四）請求撥補新兵，經常係按任務、預測傷亡率預請，而非待缺額後申請（但各部隊人數，仍詳每日兵力簡報中），可免供不應求，影響戰力之弊。

（丑）油管式補充制度訓練補充之組織與程序

一、訓練系統

（一）由民政機關、兵役機關集新兵，經檢查體格合格後送交各新兵訓練補充處。

（二）新兵訓練補充處依照需要，分設兵科施以訓練，受訓完畢即遵命令分送各兵員補充站待撥。

二、補充系統

（一）每一戰區最高司令部（如綏署、綏區等）專設一兵員補充官，專負分配撥補之責，此職可由新兵訓練補充處長兼任或專設。

（二）新兵訓練補充處，以每戰區設一個或兩戰區（綏署）合設一個為原則，視情況而決定之，該處須與戰區最高機關密切連繫。

（三）新兵訓練補充處之組織

1. 處本部分設訓練部與分配部。

2. 訓練部設若干訓練隊，視需要而決定多少。

3. 分配部則設各站如下：

a. 第（一）、（二）、（三）兵員補充站（各兵種之供應，以補充作戰部隊）視需要而決定設多少站，站下設三－四個補充（大）隊，每隊經常保持三－五百人（撥補各部隊若干，隨時補充無缺）。

b. 第四兵員補充站，以補充聯勤部隊兵員為對象，以員兵不多不另設隊。

c. 第五兵員補充站，為傷病愈後歸隊站，不另設隊。

（四）兵員補充站之數，依戰區情形而定，對每一個軍（整編師）則設立一個大隊為原則，另設控制大隊若干，該站須與軍密切連繫。

（五）補充站（隊）專負管理之責，其給養薪餉，在後勤區由兵站補給，在戰地由連繫之軍補給。

（六）補充系統如附表。

（寅）武器器材之補充制度

武器器材一如上述兵員補充原則，由後方補給機構運至前方各戰場庫儲待發，照上述原則類推，不贅述。

（卯）實施步驟

一面按新制度建立補充機構，在新制度未建立前，尚不能供應兵員期間，仍照原辦法迅速加強整補，其步驟如次：

一、在後方待整補及前線作戰之部隊缺額，應限期整補完畢，以期迅速恢復戰力。

二、將各部隊缺額補足後，即以繼續徵集之兵員交補訓處訓練，爾後即按新制度實行補充。

三、武器器材亦如上條所述，除應補足各部隊缺數外，各戰場儲備量應為十分之二（如該戰場有十個師參加作戰，則應有二個師武器器材之儲備）。

四、傷病愈後官兵之統制，迅速歸隊。

五、匪俘之迅速處理、消化、感訓，以備撥補各部隊缺額。

六、戰役鹵獲品呈繳之獎勵，與愛護武器器材之獎勵，以減輕補充之負擔。

右議是否可行，請公決後，再詳議實施辦法。

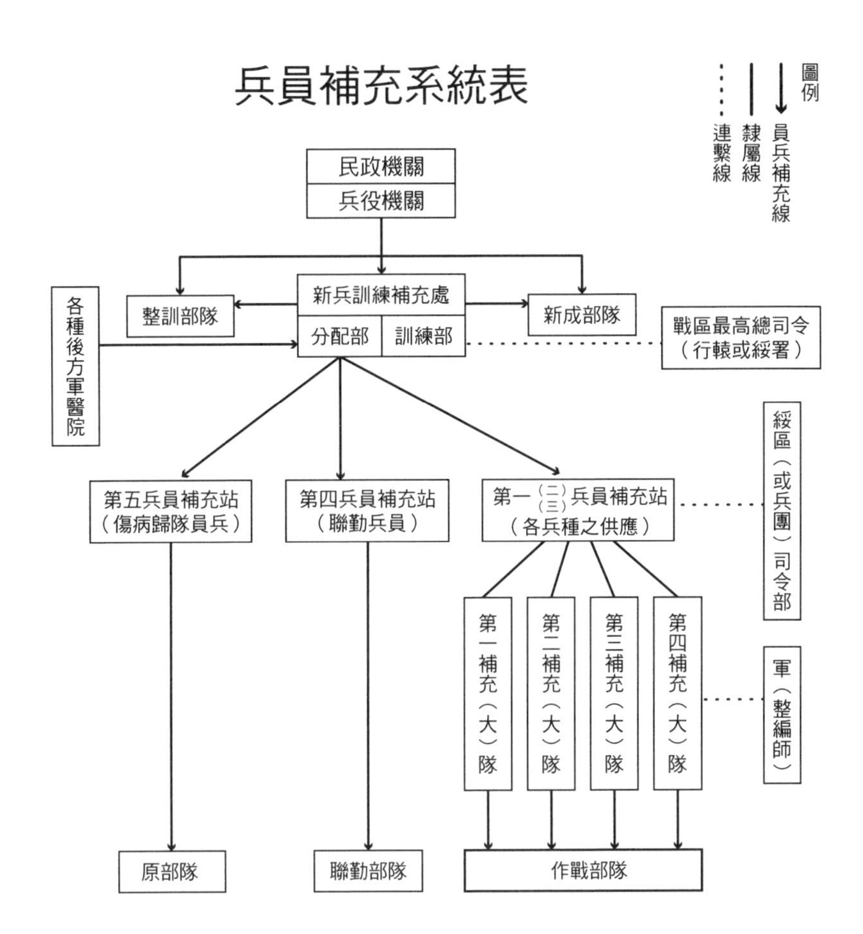

附記：

1. 新兵訓練補充處之設置視各戰區戰況及交通情形，設置一個或兩戰區合設一個。
2. 各兵員補充站視戰區內作戰部隊多寡而定，如第一兵員補充站以有一個軍設一個站為對象。

美國戰時陸軍兵員補充制度述要

一、概說

美國在第二次大戰陸軍兵員補充採用所謂油管制 PIPELIN SYSTEM，油管制者即以兵員如油料隨時充滿在油管中，不用時儲備無患，同時隨手扭開油管兵員即源源供給，油管制之特點於左：

1. 美國在第二次大戰動員約一百個師，單位雖少，而各單位之兵員因得隨時補充，故經常保持足額戰力充實，其他如蘇、德等國單位雖多，但常須抽調一部份師團至後方整訓，而美軍縱有調至後方休息者，而從無因缺員過多耗費長時間予以重新補充編組整訓之單位，故第一線經常保持足夠之兵力，人力、物力不致浪費，各部隊內新兵係逐日逐週撥補，不致因一次補充新兵過多，遽形使部隊素質低落，而以曾經受過訓練之少數新兵滲入多數有戰鬥經驗之老兵中，無形中受戰場訓練，不久亦成為老兵。
2. 美國本土內兵員徵集訓練係全國統籌，無師管區、團管區制度，因動員既多，兵科複雜，各兵科內各兵操作之兵器亦不同，所受訓練亦不一致，故補訓處按兵科設立各兵種，人數之分配視海外各戰場之需要而定，無顧此失彼之弊。
3. 由國內至海外各戰區，兵員補充機構自成體系，尤以戰區之兵員補充司令部有如兵站總監部，下轄之補充站即補充營有如兵站分支部。
4. 所有兵員補充均係由後向前，各單位循指揮系統向上請撥，補充機構亦依上級指示分配，無須戰鬥部隊派員接兵，至影響其戰力。

5. 請求撥補新兵，經常係按任務預測傷亡率預請，而非待至缺員後申請，但部隊兵力人數仍詳每日兵力簡報表中。

二、國內新兵訓練程序

1. 新兵入伍由民政機關令新兵至入伍站報到，一九四四年十一月全國有入伍站五九處。
2. 入伍站將新兵檢查體格，予以智力及心理測驗，合格者分配予陸海軍，陸軍分得人數即輸送至指定之接收中心，一九四二年十二月全美有接收中心三十八處，可接收六二八五〇人（非每月接收上述人數，乃三十八中心之住宿容量，每一新兵在中心住宿約六日）。
3. 接收中心將新兵分入宿舍，發給制服及必需品，予以智力及特種測驗，填註體格表，注射防疫針，填註軍人紀錄，個別談話並分配新兵之兵種及未來職務。接收中心經常與陸軍部副官處接觸，以分配兵種及工作，使符合整個陸軍需要。新兵在接收中心約六日即完成各種手續，即由中心發給命令，並輸送至指定之補訓處（或澤訓練中心）或學校受訓，必要時並以一部新兵直接分配至新成立之部隊內，由部隊自行訓練。
4. 補訓處係按兵科設立，一九四一年六月美國有步兵補訓處三處，野砲兵補訓處二處，海岸砲兵補訓處三處（美海岸砲兵之第二任務為步兵），工兵補訓處二處，騎兵、裝甲兵、軍需兵、化學兵、軍械兵、通信兵補訓處各一處，衛生兵補訓處二處，又步兵及野砲兵合併之補訓處一處，以上共十九處。

5. 受訓完了，依陸軍部指令分配服務，其服務海外者輸送至各港口司令部所轄之海外補充兵站，由港口司令部編組輸送至海外。

美國國內兵員補充系統圖（戰時）

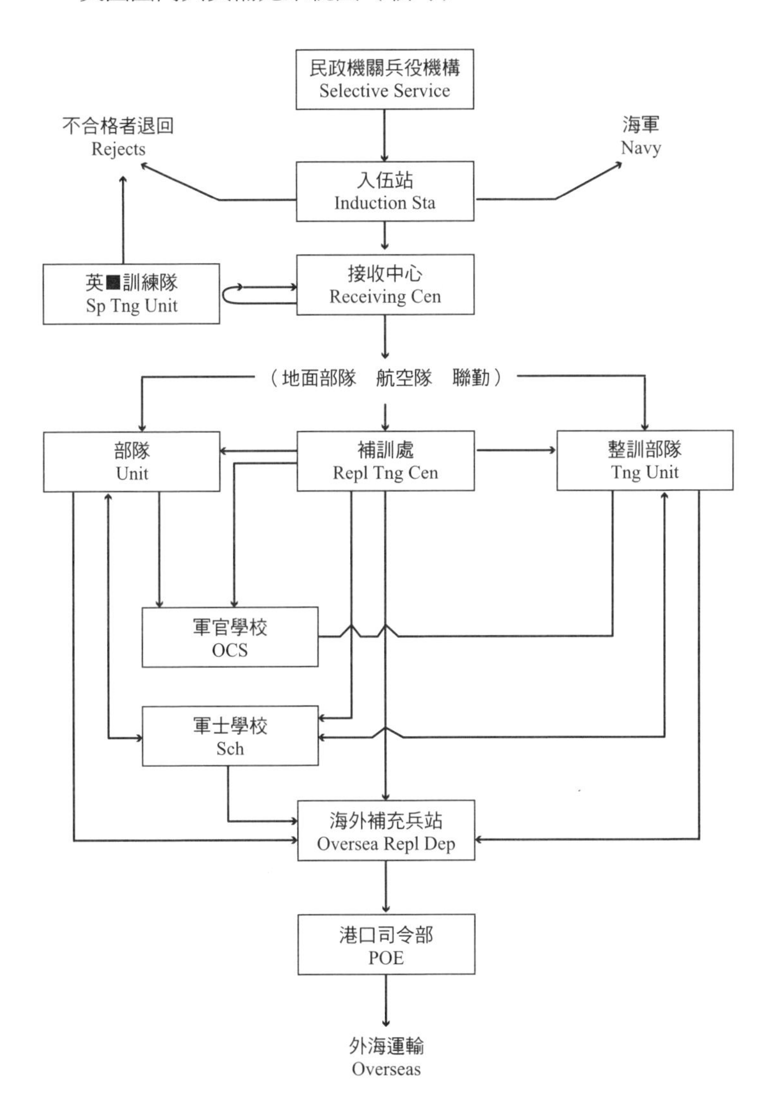

三、國外戰區兵員補充系統

1. 戰區司令部除第一處外，尚有一兵員補充官，專管兵員補充之參謀業務，又有一兵員補充司令部，此兵員補充司令常兼任兵員補充官，換言之，即係部隊長兼幕僚。
2. 兵員補充令部下轄各補充站，補充站以數字稱之，但依其任務可分為：

港口站或接收站	接收國內兵員
儲備站	控制戰鬥補充兵於後方交通要點
後勤區站	專備後勤區內兵員補充
專門兵員站	控制專門技術兵員，如雷達操縱等
訓練站	將戰區內人員施行改換兵科訓練等
軍供應站	補充野戰軍
傷病歸隊站	處理傷兵愈者歸隊

歐洲戰場曾一度有廿二個兵員補充站。

3. 兵員補充站轄五個至六個補充營，每營轄四連，每補充連經常可保持三百個補充兵，根據經驗可增至五百名，補充營一營可供一軍團（兩至五個師）之兵員補充。
4. 補充站（營）之在後勤區者，由後勤區及所屬補給，並在輸送兵員時撥給交通工具，在各軍戰鬥地境線者，由軍負責，各兵員補充站（營）僅有維持管理機構。

5. 各軍團與擔任供應補充之補充營連繫，各軍與擔任供應之補充站連繫，各戰鬥單位向上級請撥兵員並由連繫之補充站（營）得知即可撥出之兵員數，再分配與下級。

6. 軍官亦由同上系統補充，有時士兵多而軍官不足者，由補充機關酌派軍官領隊。

四、可供我國參考之處

1. 油管制減少單位，增強效率，可資效法。

2. 兵員補充由後向前為天經地義。

3. 新兵訓練全國統籌與軍區制有關，而我國交通未盡發達，如何達成此目的尚須研究。

4. 美國經驗分配兵科及兵科內工作人員數量及比例為絕對困難之事，故陸軍部令各戰區在三個月以前預測傷亡率及在各兵科之比例，我國軍如編制裝備愈趨複雜時亦應考慮。

5. 美國陸軍補訓處多與學校打成一片，可節省教育人員器材，我可效法。

決議：

另召集小組會議研究。

【以下提案紀錄有錄，但正式紀錄無】

二、為擬將匪軍投誠及鹵獲戰利品等獎金劃歸聯勤總部執行核發以一事權案

說明：查鹵獲戰利品包括武器、彈藥、備服、裝具等，或留用或呈繳，均須由聯勤總點驗登記轉帳，以作補充之用，故此種獎金之核發，理應由聯勤總部辦理較為確切便利，且此種獎金

給與標準業經本部（35）機保軍艷字 860 號及（36）創才 4000 號等代電先後規定通飭在卷，過去副官處曾一度承辦，實因權責不明之故。

復查各部隊報請前項獎金時，均係逕呈聯勤總部，如由該部逕行核發，不特數目易於核實，且頒發獎金亦較迅捷，若由聯勤總部移送本部核定後再分行各部隊及聯勤總部分別頒發，似此不特於業務不符，數目亦易於錯誤，且徒延宕公文之週轉，實非所宜。

辦法：（一）今後所有匪軍投誠與鹵獲戰利品、獎金及彈殼獎金等業務，擬請依性質（執行範圍）劃歸聯勤總部按照規定辦理核發。

（二）聯勤總部於上項獎金核發後，無論團體或個人獎金均應按月冊報本部備查（由副官處按性質抄知各廳局），作為將來稽核各部隊團體戰績考核之依據。

右擬是否可行，提請公決。

肆、指示事項

一、本部各廳局處，明（卅七）年度主管業務之方針與計劃要旨，及派赴美國受訓回國學員之使用。

一、本部各廳局處明（卅七）年度之主管業務之方針與計劃，應即著手擬訂呈核，於本（十）月二十日以前呈出，其要旨例如：

第一廳

（1）人事業務改進計劃。

（2）以官位為中心，積極任官之計劃（檢討已任官及未任官人員數量，如何晉任補（叙）任，及今後切實初任等計劃）。

（3）擬各軍種（兵種）幹部補充計劃（以現有之幹部，及養成之幹部，整個統計，得一概數，與明年度消耗應需補充幹部之數量相對照，如不足補充時，應如何設法補充）。

（4）會同兵役局、第三廳、第五廳，擬士兵之補充計劃（預計軍隊整備，及作戰傷亡消耗數量，擬訂應補充之數量）。

第二廳

（1）情報機構之調整計劃。

（2）情報人員之訓練補充計劃。

第四廳

（1）武器彈藥裝備之補充計劃（以現有積儲量與生產量對照預擬之消耗量，如有不足之數，應如何加強生產或向外訂購）。

（2）交通、通信之攸關計劃（計劃之原則仿前項）。

第五廳

（1）軍隊、機關編制之調整計劃（會陸軍總部）。

（2）建立新學制與新部隊計劃。

（3）各級幹部（含軍士）之訓練計劃（按需要量）。

第六廳

（1）研究與發展計劃（分別門類擬訂）。

以上僅舉例而言，其他各廳職掌內應擬之計劃，即照所示原則，一併擬訂。

其餘特業參謀之各局、處，應互相協調與配合，各擬下年度所要之計劃。

二、派赴美國受訓回國之學員，已按使用性質分發各單位，應請重視此項學員，務勿使其閒置，如新制各學校籌備期間，即可令其參加工作，提供意見。

二、分線區設立軍法執行部案，業經主席修正，並批准，已交一廳召集有關單位研究，並擬具編制及預算。

三、實施新會計制度，主席已批准，部長亦簽有原則，應計劃如何實施。

四、北寧路共匪，多來自熱河，或以騎兵第二旅調至熱河，由三、五廳研究。

附錄

國民政府主席特派戰地視察第五組部隊視察概況報告

一、目前部隊喫缺經商營私，不啻為公開之祕密，雖經嚴厲禁止，猶然不能禁絕者，誠以物價上漲，與日俱增，而部隊所定之公雜費、事業費、諜報費、教育費、交際費等均為數極微，不如是則無法以維持之也。當今將領有聖賢心者難得，烏能不習染成風耶？擬懇交議切實增加部隊各費，能發現品者，不能者發代金，但在此議未實現前，縱查出部隊主官有上項犯法之行為，實有可以原情、赦免之餘地，即如第八師間有經商行為，然查其所得利益均作公用，如改善士兵生活，老弱士兵退役每名發退役金近三百萬元，蔚成堅強之士氣，各級主官毫不染指此種利益，若科以違法大罪，未免法允情遷矣。

二、物價日昂，使軍隊待遇調整率不轉瞬而失效，故目前士兵營養仍然無法改善，可憐之士兵多數面黃肌瘦，如此尚期有旺盛之士氣、豐滿之精神乎？現既定剿匪軍事第一、軍人第一，而士兵生活復得其反，欲求有功不亦難乎？則傅長官所部以部隊經營得法，士兵每日能食肉類四兩，體健氣旺，所向有功，茲查整編第八師經濟公開，復能利用士兵之節餘勞力以行生產，改良士兵伙食，油鹽既足，且能間日或三日食肉一次，其兵亦健旺可佳，臨朐之戰蹈厲奮發，卒告大捷，足徵旺盛之士氣寓於豐滿之精神，豐滿之精神寓於強壯之體魄也。擬懇交議切實增加士兵營養，每名每日給予動物油質貳兩並按將價發給代金。

三、查各部主官對軍隊教育與訓練多未能將此次軍官訓練團之精神灌輸於其下層幹部與士兵，仍一本陳法，焉能提起士兵之朝氣與剿匪之認識，此等過失因多為新聞工作人員怠惰所致，然各級主官亦不能辭其咎，擬請通令各部隊以軍官訓練團所發之各種課本研究手冊與鈞座之訓條為目前剿匪軍事教育與訓練之槷臬，並不時派員校閱，如有未遵照實施者，即予以撤職嚴辦。

國民政府主席特派戰地視察第五組部隊視察概況報告表

三十六年九月十四日

組長蔣伏生呈

整第七十三師（原七十三軍）師長曹振鐸

	視察報告	改進意見
官兵素質與教育	下級幹部及士兵素質低劣——該師萊蕪大挫後由二綏署留特務旅、淄博礦產警衛旅、原十二軍之卅六師改編為該師 15、77、36 三個旅，均係偽軍、游擊隊、地方團隊混合編成，既無嚴格訓練，復乏戰鬥經驗，下級幹部百分之九十非軍官出身，教育陳舊不堪，且由軍校出身之幹部多置於軍官隊而為附員，紛紛離去。	（一）由軍官隊檢選優秀軍官任連排長，將行伍軍官調軍官隊嚴格訓練，而掃積弊。 （二）成立軍士隊，逐次訓練軍士以改革教育之張本。
兵員缺額	官長多而士兵缺——該師下級幹部與士兵素既劣，而其習氣尤深，多提升班長為排長以圖朝夕之安，而軍校出身之幹部則遣散於軍官隊，故官長按編制為二五五二員，除已滿額外現尚整出一三〇〇員，既有此官額之超出，不能不保持士兵缺額以作經費之挹注也，故八月份缺額最少在五五〇〇名以上。	
士氣	缺乏蓬勃朝氣與旺盛之戰鬥精神——該師所補充之官兵分子複雜，陋習更深（如以往士兵有攜帶家眷者），無論行軍、駐軍，空氣異常消沉，官長偷安旦夕，士兵沉悶終日。	（一）各級新聞工作人員與帶■……誠合作，加緊對士兵灌輸剿匪認識。 （二）提高精神教育。
逃兵與自由補充	逃兵不斷發生，原因頗形複雜： （一）該師派別頗深，主官調動便生逃亡； （二）由匪區募來之兵易受匪方煽動，作有組織之攜械逃亡，每一次半班或五、六人不等； （三）山東籍士兵近以各縣逐次收復，遂萌還家之念； （四）南方士兵鑒於去冬凍寒之苦，多及時潛逃。	（一）該師曾有接收南方兵之要求，盼即能實現。 （二）望聯勤總部能及早發給士兵冬服。 （三）嚴密肅清易為匪利用之分子。
士兵營養	營養不良： （一）主食品多係八一或八五麵粉； （二）燃料費師部扣作購置鞋襪之用； （三）累月不得肉食一次； （四）黃豆現品從未發給。	（一）不准副食費移作他用。 （二）嚴禁以不符規定之主食品發給部隊。 （三）使士兵最低限一日能得肉類三、四兩。

	視察報告	改進意見
新聞工作	偏重對外宣傳，欠缺內部策勵。	（一）懷民與教育須兩者兼顧。 （二）喚起民眾不忘喚醒士兵。 （三）標語不是新聞工作的本體，加強士兵剿匪認識，喚起士兵■氣心才是新聞工作的實際。

整第十二師（原十二軍）師長霍守義

	視察報告	改進意見
官兵素質與教育	官兵素質尚佳，惜軍官出身之幹部過少——該師為東北部隊，歷史悠久，尤以目前之環境，官兵精神異常團結，且能蔚成愛名讓民之良好風氣，雖裝備較劣，仍能含有強韌之戰力，鄉氣過盛，幕僚勤務欠佳，致作戰行動遲鈍，教育不能刷新。	（一）應選東北籍軍校畢業軍官以補充之，以改良其幕僚勤務與教育方式。 （二）將中下級幹部調軍校受訓。 （三）成立軍士隊輪流訓練軍士。
兵員缺額	員兵缺額極少——該師受整編後為兩旅，近因使用不便，自成立一獨立旅，迄今未奉准有案，如以三旅計算則尚有缺額，若以兩旅計算，則兵員不惟無缺且有若干溢額，因此該師目前經費虧空甚鉅。	（一）確實調整該師編制與其他整師相同，轄三個旅，補足其缺額。
士氣	士氣旺盛，第以幹部性緩不能造成極盛之朝氣——該師各級幹部重情感少理知，遇事輒取研究態度，故訓練不能表現蓬勃之朝氣，作戰不能造成輝煌之戰績，實而不速之害也。	
逃兵與自由補充	逃兵極少，補兵謹慎——該師士兵多係東北籍，家鄉淪於共匪，均有以軍隊為家庭之概，鮮有逃亡。行軍之際，咸以落伍為戒慎，士兵間因勤務落伍被友軍扣留或不幸被匪軍補去者，終久拼命逃歸。又該零星補兵非有班長兩人以上之保證不補，故營混子不能入，此亦逃亡減少之一原因也	
士兵營養	營養頗可——該師官兵環境特殊，以軍隊為家庭而無營私求富之心理，儘量謀給養之改善，副食費不足有時以薪餉補。	
新聞工作	比較實際。	
備考	查該師具有部隊若遇較重犧牲甚難望補充之心理，故遇事戒慎，求實而不務速，逸去戰機不少。	

整第四十五師師長陳金城

	視察報告	改進意見
官兵素質與教育	士兵素質尚可，下級幹部指揮能力甚差——該師官兵精神團結，實由於下級官長生活士兵化以造成之，又該師官兵均能吃苦耐勞，行軍力頗強，罕有落伍官兵，惜下級指揮能力欠佳，於一般勤務靜轉變之間秩序混亂可以表現，抑教育上之缺陷歟。	一、該師應以補助教育加強下級指揮能力。
兵員缺額	士兵空缺頗有約佔全額十分之三強——該師士兵缺額確實數字難得，如以其獨立團情形推之，為數甚鉅，蓋該團八月份冊報師部士兵人數為二四〇〇名，其實際一七〇〇名，足資證明。	
士氣	缺少旺盛之企圖與蓬勃之朝氣。	
逃兵與自由補充	逃兵情事時常發生，拉補頂替在所難免。	
士兵營養	士兵營養差可。	
新聞工作	對內振厲士氣，充實士兵精神養料，對外宣傳共匪暴行，組織民眾自衛均未做到。	

整第八師（原第八軍）師長李彌

	視察報告	改進意見
官兵素質與教育	官兵素質極強，尤富有忍苦耐勞之精神，教育亦能迎合時代。	
兵員缺額	該師原來缺額甚少，惟經過此次臨朐大戰後，似有相當空缺待補。	
士氣	該師經臨朐大捷後士氣更為旺盛，無論官兵均抱有敵無我、有我無敵之精神。	
逃兵與自由補充	逃兵情事極少——該師逃兵情事極少之原因： （一）該師近來單獨樹立官兵退伍風氣，目前士兵退役能得近之百萬元退役金，士兵一入伍認為有希望，故不逃亡； （二）該師經濟頗能公開，金錢多能用在士兵身上，故少逃亡。	

	視察報告	改進意見
士兵營養	士兵營養比較他師為良： （一）主食副食儘量用盡； （二）利用士兵操課空暇活力從事生產，改良副食； （三）該師王旅（四二旅）尤能使士兵每日或隔日肉食一次。	

第十一師師長胡璉

	視察報告	改進意見
官兵素質與教育	官兵素質尚佳，訓練與作戰均能迎上時代，第幹部獨斷專行之精神尚欠缺，能挫敵而不能殲敵。	
兵員缺額	該師原有相當缺額，經近數月內補充後，現全師僅有士兵空缺約三千名。	
士氣	士氣相當旺盛，幹部能力亦強。	
逃兵與自由補充	逃兵略有，惟補充心切，故恆有拉捕情事——該師每為彌補逃亡，急不擇計，甚至強扣友軍落伍士兵以行補充，例如該師前拉十二師後方士兵多名以行補充，刻尚在交涉中。	
士兵營養	士兵營養頗可。	

附記：

一、本表所列各部隊內容由視察官與參謀人員分赴各部考查搜集而來，頗真實無妄。

二、目前在魯境各部隊一般缺點為：

（1）諜報工作極差；

（2）缺乏自動精神，各級指揮官不能隨時看破好機獨斷專行，圍殲奸匪；

（3）師以上部隊協同力太差；

（4）高級將領之生活多不能迎合戰時之要求（如偷安、享受、侈樂、怠惰等等），所以不能蔚成剿匪之緊張空氣。

三、士兵生活迄未能改善，強有力而辦法多之主官尚能免強維持，否則士兵營養依然不足。

四、被服補充未能依時，如現尚有部隊尚未領到夏服者。

五、膠東作戰部隊目前補給困難。

第五十六次參謀會報紀錄

時　　間　三十六年十月十八日下午三時至六時二十分

地　　點　國防部會議室

出席人員　國防次長　黃鎮球

參謀次長　林　蔚　方　天

總長辦公室　錢卓倫　顏逍鵬　張斅濂

陸軍總部　林柏森

海軍總部　周憲章

空軍總部　周至柔（徐煥昇代）

聯勤總部　郭　懺　趙桂森

各廳局　於　達　張炎元　許朗軒

楊業孔　劉雲瀚　吳欽烈

李樹衢　王開化　紀萬德

戴高翔　金德洋　尹呈佐

杜心如　賈亦斌　陳春霖

徐業道　錢壽恒

中訓團　李及蘭

主　　席　次長林

紀　　錄　魏冠中　戴季騫

會報經過

壹、檢討上次會報實施程度

一、主席報告：

1. 第二線兵團實施新制度，關於眷屬補助待遇，已研究辦法，凡行新制度之機關、學校、部隊，均同樣辦理，惟所需經費，須呈主席核准。

2. 人事評選會，已召開第一次會議，希望於年底前將法規妥善修正，明年實施，第二線兵團人事，可照新法規辦，其他部隊恐難辦到，但必須控制，使其不能自由升遷，與自由增加員額，由第一廳召集副官處及各總司令部先研究一過渡辦法。
3. 新會計制度，主席已批准，本部及新成立部隊、機關、學校均照此實施。
4. 分線區設立軍法執行部案，負責人員，已簽呈尚未奉批，希速實施。

貳、報告事項

一、空軍總部報告：

西安空軍飛機油料存量，依目前戰局所需，僅敷一個月之用，隴海路被阻，補給困難，若不設法補救，勢必影響該區爾後之作戰與空運，擬由上海經四川運汽油六十萬加侖至西安濟急，惟此意外之大量軍運，不但不易獲得運輸工具，且所耗運費極大，決非本部本年度預算內可以開支，可否請聯勤總部從速代運，以利戎機。

指示：

由聯勤總部先計算時間與所需運費。

二、聯勤總部報告：

1. 兵工署重慶二十四兵工廠發現共匪活動，已予逮捕，除續嚴防外，並請二廳加強四川各兵工機構保密工作。

2. 將存儲昆明物資運京，需費太多，擬在西南標售，如行政院提出質詢時，請國防部代為解釋。
3. 第二線兵團眷屬計口授糧，事實上尚有困難，目前部隊官佐眷糧，僅每員發五十斤，如同一地區發給三種待遇，深恐影響前方官兵心理，應請再加考慮。
4. 目前現象，官多額少，編餘人員，無法安插，實際並未減少開支，擬請暫不修改編制人數。

指示：

1. 3 項可繼續研究。

2. 4 項主席指示，各級司令部及師團管區，可增設副職。

三、第一廳報告：

1. 兵役研究班第一、二、三期，尚未派充兵役職務者，計中將六員、少將三十九員、上校五十八員，聞又決定續辦第四期，希望主管單位顧及任用
2. 新聞局擬由青年軍挑選預備幹部四千四百二十餘名，任人民服務隊隊員，可否由留用軍官中挑選。

新聞局報告：

原計劃每步兵團成立一人民服務隊，後奉主席批示，按每整編旅及未整編師成立一隊，每隊十七人，須挑選青年軍中中學以上程度者，軍官隊隊員知識程度多不適合。

指示：

照主席指示由青年軍挑選，惟隊員人數每隊可縮減為十至十二人。

四、第二廳報告：

情況報告（略）。

五、第三廳報告：

1. 戰況報告（略）。
2. 隴海路如短期內能打通，恐一時亦難修復，補給問題應速研究設置補助路線，並擬具具體辦法，徵用民間輸力。
3. 軍隊流動性大，人民服務隊，似不必設置，收復區難民流離，散匪甚多，似應針對當前匪軍組織與陰謀，研究整個辦法，使能協助軍隊，與地方政府，肅清散匪建立地方行政。

指示：

1. 徵用民間輸力及設置補助路線，由第四廳與民事局研究。
2. 積極爭取匪區民眾，新聞局、民事局應詳加研究。

六、第四廳報告：

1. 戰車第一團蔣團長赴沖繩島視察，美軍剩餘戰車，據云：有百餘輛，登陸用戰車尚堪用（非水陸兩用），其他不堪用者，可拆零件，請聯勤總部派技工赴島上修理。
2. 華北戰場，常有小部隊被匪包圍，每因要求空運糧彈，電文輾轉費時，可否由空軍配一、二架運輸機於徐州、鄭州由陸軍總司令部直接使用。

空軍總部報告：

空運機目前不敷應用，不能分割使用。

聯勤總部報告：

1. 編組沖繩島百輛戰車，請速決定編制，最好編組五十輛，其餘留作補充，拆卸零件已通知楊署長研究辦理。
2. 大別山作戰，運輸補給，請第四廳妥為計劃。

指示：

1. 戰車可編組五十輛。

七、第五廳報告：

1. 上次會報指示騎兵第二旅應調熱河，已電總長請示。
2. 最近國軍整編情形（略）。
3. 無法安置軍官，增設副職案，各管區均可安置數十人，擬請一廳先將人員檢討，以增設名義發表，不變更編制。

八、軍法處報告：

1. 違反動員法令之案件，依違反國家總動員懲罰暫行條例規定由軍法審判，但以目前行政院意旨，軍法應以軍人為對象，是項案件淞滬警備部受理甚多，管轄問題，亟待解決，應否逕令警備部受理，或先簽請主席核示。
2. 甘、新、粵、桂四省匪案，歸軍法審判，至本年九月底止，業已滿限，前經簽准主席在全面戡亂時期繼續歸軍法管轄，展期一年，已通令各有關單位查照辦法在案，現奉院令除甘省准延至行憲前為止，粵、桂、新一律自限滿後移還司法管轄，不再展限，當以全面戡亂期中西北、西南邊陲匪患正熾，且政府功令似亦未便朝令夕改，已再簽呈主席及行政院請求維持原案。

3. 陝、甘、豫、新四省煙毒案件，奉院令移還司法管轄，經請求以本年十月一日為移轉管轄日期，但經辦未結者，仍由本部辦結。

指示：

1. 項照條例規定辦理。

參、討論事項

一、為統一俘匪之處理以一事權而利事功案（新聞局提）

決議：

和平愛國團與和平建國學院人員由新聞局注意運用。

二、卅六年徵兵配額與新兵被服準備情形請核示案（聯勤總部提）

三、擬訂本部重慶、平津、瀋陽、西安、蘭州各地製絨廠機器處理辦法案（聯勤總部提）

四、改訂軍服制式案所附軟式軍帽樣式奉主席批示「改善」請提示意見案（聯勤總部提）

併案討論決議：

1. 二項灰棉衣褲可以抵用，並計劃再製二十萬份。

2. 四項軟式軍帽樣式，再由第一廳召集研究。

第五十七次參謀會報紀錄

時　　間　三十六年十一月一日下午三時至五時五十分

地　　點　國防部會議室

出席人員　國防次長　黃鎮球

參謀次長　林　蔚　方　天

總長辦公室　錢卓倫　顏逍鵬　張斅濂

軍務局　何志浩

陸軍總部　林柏森

海軍總部　周憲章

空軍總部　周至柔（徐焕昇代）

聯勤總部　趙桂森

各廳局處　於　達　侯　騰

羅澤闓（高德昌代）

楊業孔　劉雲瀚　吳欽烈

鄧文儀　王開化（廖濟寰代）

紀萬德　吳　石　金德洋

徐思平　杜心如　賈亦斌

陳春霖　戴　佛　錢壽恒

中訓團　黃　杰

主　　席　次長林

紀　　錄　魏冠中　戴季騫

會報經過

壹、檢討上次會報實施程度

一、聯勤總部報告：

上次會報報告事項一、空軍所需油料，由空軍自僱商車運輸，川東供應局協助徵僱。

空軍總部報告：

少量運輸，空軍可自辦，大量無法解決，正與陳納德接洽運陝棉回空飛機帶運，尚未得結果。

二、次長林報告：

1. 報告事項二、四川兵工廠保密工作，二廳已辦。
2. 第二線兵團眷糧，如五百萬人份糧食能解決，可以照辦。
3. 徵用民間輸力，主席已分令行政院長、部長研究辦法，成立民伕隊，以縣為單位遞運，正由民事局、新聞局擬辦中，惟須注意(1)民伕應給與食糧，(2)禁止軍隊強迫留難。
4. 新訂軟式軍帽，只用於前方，到後方之軍官佐又要換著寬邊軍帽似有不便，應再研究。

三、第一廳報告：

報告事項七、第3項，無法安置軍官，增設副職案，不限於各管區，遵照主席指示，各級司令部亦可增設，擬先就各重要機構試辦。

指示：

本部部員過多，以副職派出，較為妥善，可由陸軍總部林參謀長及聯勤總部趙參謀長先召集各員徵詢意見。

貳、報告事項

一、陸軍總部報告：

1. 本部召集之教育會議本日已結束。
2. 青年管理處隸屬本部困難甚多，請改隸其他單位，擬請由新聞局主辦。

指示：

俘匪管訓，查明各單位職掌後再研究。

二、海軍總部報告：

上月二十九日本部應外交部之請，派本人赴外交部與美方代表商討中美轉讓艦艇合約事，我方提出意見五項，現由美代表請示美國政府核奪，詳情已分呈部、總長鑒核中。

三、第二廳報告：

情況報告（略）。

四、第三廳報告：

戰況報告（略）。

五、第四廳報告：

濟南機場修理跑道，第二綏靖區報請核發工程費六億餘元，請由空軍總部核發。

空軍總部報告：

濟南機場係空軍工程隊修理，請與本軍工程處接洽。

指示：

移空軍總部核簽。

六、第五廳報告：

改進陸軍補充制度案，經本廳與有關各單位開會研究，修正通過，簽奉批「不必再提會報，照會議決議整理出一個方案，以期能即付實施」等因，茲須請示者，即照本案如普遍實施，則須增加約卅萬人之員額，如先指定幾個軍（師）試辦，則依軍（師）數而定其員額，現總員額已超過將近十萬人，會議通過以現在作戰損失較重，而原來戰力較薄弱之部隊，改組為新兵訓練機構，是否可行？請示！

指示：

兵員補充制度，至為重要，已指定一、五廳、兵役局（聯勤總部運輸署亦參加）再擬案研究，惟須顧及經費、兵源，與消耗情況、部隊需要。

七、新聞局報告：

1. 人民服務隊訓練，已決定下月十日開學，每隊編制十二人似太少，請仍增為十五人至十七人。
2. 為防止匪軍南竄，擬以人民服務隊編成一總隊，在贛北、皖北沿江組織人民防線。
3. 奉主席手令加強後方宣傳，可否先與二、三廳先開小組會議交換意見，再交新聞局會議研討。
4. 各部隊新聞機構均無電台，請通訊署配發無線電。
5. 主席指示前方部隊應配發收音機，聞接收敵偽收音機甚多，請整理配發。
6. 本局宣傳品缺乏印刷機，昆明印刷機可否不予標售，運交本局應用。

指示：

1. 人民服務隊每隊可增為十五人。

2. 3 項可召集有關單位先行研究。

3. 各部隊新聞處拍發電報由聯勤總部通訊署通令各部隊電台照發。

4. 可用收音機由通信署查明配發。

八、副官處報告：

1. 印刷機十二月份可裝置使用。

2. 據前方部隊云：我軍所發投降證上規定所發之款，多未按照發給，因此宣傳不能兌現。

預算局報告：

上述所發之款，原規定由部隊墊支造冊送補給區核撥。

指示：

發款手續再重申前令。

九、預算局報告：

1. 十月份起調整官兵薪餉給與案，已擬呈核判，印就即公佈實施。

2. 行政院核算應調整增加款，已通知財務署領到，至應增追加增撥數，正洽領中。

十、測量局報告：

前方尚需大量地圖，圖紙困難，聞沖繩島美軍剩餘物資中有大量印圖紙，可否由本部請領或價購？請示！

指示：

向接收委員會接洽並以部長名義簽請行政院撥發。

參、討論事項

為現行反領夏服制式與美軍類似且自製者多加胸布擬請

恢復舊式軍便服以重體制案（聯勤總部提）

決議：

不改並通令禁用胸布。

肆、指示事項

一、將有千餘噸游動房屋撥交本部，聯勤總部應預先計劃位置及使用。

二、報載海軍艦艇編組噸位至為詳細，海軍總部與新聞局應查明該項消息來源，予以注意。

第五十八次參謀會報紀錄

時　　間　三十六年十一月十五日下午三時至六時

地　　點　國防部會議室

出席人員　參謀次長　林　蔚　方　天

總長辦公室　錢卓倫　顏逍鵬　張數濂

軍務局　何志浩

陸軍總部　林柏森

海軍總部　桂永清　周憲章

空軍總部　周至柔（徐煥昇代）

聯勤總部　黃　維　趙桂森

各廳局　劉祖舜　侯　騰　羅澤闓

洪懋祥　劉雲瀚　錢昌祚

李樹衢　廖濟寰　趙志垚

戴高翔　彭位仁　鄭冰如

杜心如　賈亦斌　馮宗毅

錢壽恒

中訓團　李及蘭

主　　席　次長林

紀　　錄　魏冠中　戴季騫

會報經過

壹、檢討上次會報實施程度

一、海軍總部報告：

上次會報指示二，查係中國新海軍雜誌所載，想係根據海軍對行政院提出之報告，已報部轉請行政院以後對該項消息，不予披露。

指示：

各廳局對於保密，均應注意，所有文件，應區分為(1)可以公諸社會者，(2)須特別保管者編號。

二、總長辦公室報告：

1. 各單位印刷品及文件多濫蓋「機密」、「極機密」，反使真正機密文件，變為普通，故加蓋機密戳，應注意鑑別。
2. 上次會報主席指示事項一、千餘噸游動房屋，支配使用一節，查本部各單位士兵缺乏宿舍，可否支配一部份，作為本部士兵宿舍之用。

空軍總部報告：

空軍機場機械士所需之工作休息室及營房，均因建築經費無著，尚付缺如，為增強工作效率，擬請在游動房屋分配時，多發空軍應用。

海軍總部報告：

本部派出東、南、西沙及長山各島之官兵，遠處國境，均無房屋居住，該處既無工匠，又無建築材料，較之其他各處需要，尤為迫切，是項游動房屋擬請將各島所需，列為首要。

指示：

各單位將需要數量列送聯勤總部，聯勤總部應先擬定使用原則。

貳、報告事項

一、軍務局報告：

奉主席面諭召集各戰地視察組組長開會，決定本（十一）月二十日下午三時舉行，十九日下午三時及二十日上午九時先由國防部軍務局召集各組組長及本部有關單位，開業務研究會，各單位應準備事項如左：

(1)視察官之調配。

(2)監察官與特業參謀之配屬。

(3)電台配屬。

(4)視察官守則。

(5)為適應作戰，各視察官特應注意事項。

(6)視察報告之規定。

(7)視察官待遇與經理問題。

指示：

1. 會議由軍務局主持，並先印發開會名單項目，會場由總長辦公室準備。
2. 視察組報告由三廳辦理，人事由一廳辦理，經理由總務處辦理。

二、陸軍總部報告：

1. 本部新由國防部數單位讓出之房屋，應加修理，業經工程署派員勘察，認為應發十億元自行修理，另由工程署負責新建數間房屋，但為時已久，仍未辦理，據聞擬由十億減為五億，乃至二億，似此無法修理，請由工程署負責，認為應修者，即加修理。

2. 第二線兵團各後調旅具領物品，據報應分別派人到遠方各處領取，以致人員旅費，均不能負擔，此後發給各旅之物，應由補給機構送到旅團附近。

指示：

1. 可由工程署派員視察，如屬必要，應予修理。
2. 由聯勤總部指定就近補給機關補給。

三、空軍總部報告：

查全國無線電通信週率波長，尚無一統一控制之機構，以致軍用、民用、行政機關使用之各種電訊，互相干擾，影響業務推行，空軍作戰，所受影響最甚，擬懇國防部與行政院主管部會洽商，從速實施統一管制電訊週率（綏靖期間，最好由國防部統一控制）。

四、海軍總部報告：

1. 海軍所需報話機，已蒙部長白准由徐州撥發二十架，交各艦艇使用，現徐州車運不通，擬請由四廳趕用空運運京。
2. 請四廳電重慶警備司令部，徵用拖輪，將英山、英德兩艦，拖往漢口修理。
3. 各造船所工人，請求發給主副食，非自給廠，擬請配給主食；自給廠，擬請國防部咨社會部准照普通工人價購米。
4. 長江各艦艇，因晝夜巡弋，用煤激增，而煤價續漲，原預算十五萬一頓，不敷支配，請予追加預算，或配給實物。

指示：

1. 2 項四廳電孫司令徵用。

2. 3 項另行研究。

五、聯勤總部報告：

漢口被服總廠，工人與警察發生械鬥事件，業已調解竣事。

六、中訓團報告：

1. 奉令籌辦軍事幹部訓練班，收容被俘軍官約一千五百人至二千名，已報到百七十餘人，惟團內無地址訓練，請指定適當地點。又該項學員，曾受匪軍感訓，關於思想之考察，階級之審核，匪情之蒐集，似與各單位均有關連，請注意辦理。

2. 奉主席諭：黨團訓練班即分三期召訓，十二月五日以前所有各班佔用房屋均須結束讓出，如各單位籌辦訓練班，須先與中訓團接洽時間。

新聞局報告：

政工會議，奉主席核定，本（十一）月二十五日在中訓團舉行，會議十日後，接著訓練三週，請中訓團協助準備。

指示：

1. 房屋問題，由中訓團召集有關單位會商研究。

2. 政工人員訓練，可利用體育場房屋，人民服務隊隊員訓練期間可酌予縮短。

七、第一廳報告：

留美回國學員，按規定應任教職二年，各單位近紛紛請調，擬重訂限制辦法。

黃教育長報告：

當時派遣留美人員，雖未將新制軍官學校計劃在內，但本校成立伊始，急需新幹部作基礎，曾奉令調留美回國學員三十名，各單位不願調去，至今仍多未報到。

指示：

軍校之三十員留美幹部照調，其餘仍分發各兵科學校，由第一廳召集小組會議研究。

八、第二廳報告：

情況報告（略）。

九、預算局報告：

1. 三十七年度預算，國務會議通過辦法，規定照三十六年度預算延長訂定半年，不足之數，呈請追加，事實上甚為困難。
2. 副秣費追加案件，須下週星期二行政院預算小組會議討論決定。
3. 三十七年夏服材料案已解決。
4. 兵工外匯（略）。

十、史政局報告：

綜合檢討委員會，本人奉派為主任委員，請各單位速派研究委員開始工作。

指示：

各廳局應根據美顧問翻譯之職掌編制原文，再以通順文字重新編撰。

參、討論事項（無）

肆、指示事項

一、明年度補給，第四廳與聯勤總部應先研究訂一標準。

二、明年度兵員補充，兵役局亦須訂定方針。

第五十九次參謀會報紀錄

時　　間　三十六年十一月二十九日下午三時至六時四十分

地　　點　國防部會議室

出席人員　國防次長　劉士毅

參謀次長　林　蔚　方　天

總長辦公室　錢卓倫　顏逍鵬　張斅濂

軍務局　何志浩

陸軍總部　林柏森

海軍總部　周憲章

空軍總部　周至柔（徐煥昇代）

聯勤總部　郭　懺

各廳局處　於　達　林秀欒　邱希賢

洪懋祥　劉雲瀚　錢昌祚

李樹衢　施建生　趙志垚

吳　石　金德洋　徐思平

杜心如　徐思賢　陳春霖

徐業道　曹建修

戰略顧問委員會　尹作翰

中訓團　黃　杰

主　　席　次長林

紀　　錄　魏冠中　戴季騫

會報經過

壹、檢討上次會報實施程度

一、修正紀錄：

海軍總部報告：上次會報指示二，「查係中國新海軍雜誌所載」一句，增正為「查係行政院新聞局印行之中國新海軍所載」。

二、中訓團報告：

黨團訓練班已請示主席，俟新聞政工訓練班結束後再召集，故房屋已無問題。

貳、報告事項

一、總長辦公室報告：

1. 成都軍校二十一期畢業學生分發東北，因沿途候船日久，旅費用罄，推派代表來部，請求解決困難。
2. 承辦主席手令：原無限期者，經次長閱後即限辦理日期分送，希各單位注意，在限期內未能辦出，應先聲明，並請各單位責成各辦公室登記稽考，此後查案即向各辦公室詢問。

指示：

1. 由聯勤總部運送，不足旅費，可再補發。
2. 主席手令，各單位應照報告如期辦理。

二、陸軍總部報告：

上週部務會報，關於被俘逃回軍官，集中中訓團訓練問題，次長林指示，由本席召集有關單位開會討論，除決議事項詳會議紀錄外，茲將重要三點提出報告：

1. 凡各師送來人員先行收訓，如發現舞弊頂替情形，報請主席嚴懲其主官，冒充者罰勞役，爾後各師保送人員應規定由各師新聞室主任另據書面證明（由第一廳、新聞局擬辦），並由新聞局、陸軍總部、中訓團、保密局各就業務範圍分別擬定審核辦法，由第一廳彙集之。
2. 考核後任用問題，請第一廳決定政策，陸軍總部執行實施。
3. 該班辦事人員，原規定完全調用，事實上自甚困難，此案中訓團已呈報國防部請第五廳查案辦理。

指示：

第一廳速定任用方針。

三、空軍總部報告：

西安區飛機油料，運補困難情形，已迭在會報報告在案，最近自行設法，由京、漢運至重慶，並先將重慶存油，利用公商車輛，運經寶雞轉西安，惟漢渝段船隻，無法獲得，渝寶段已租商車及本軍車輛，又被第五公路軍運辦公處扣留運兵，故第一批救急油料，無法運到，該區空運與作戰任務，勢難維持，謹報請鑒核！

聯勤總部報告：

最近因軍運緊急，奉令所有車輛一律扣用。

指示：

1. 空軍自有車輛，可不扣用。

2. 全般補給適當配合，應由第四廳計劃。

四、海軍總部報告：

1. 美國撥讓中國艦艇，聞國務會議已決定，全部接收，海軍總部自應靜待明令辦理，惟美國要求我國現在菲律賓之艦艇，須於明年一月一日開始拖離，此項接收艦艇之預算，為七十九萬美元，現在本部亟應與拖船公司簽約付款，如期起拖，擬請預算局向行政院請求先期照撥外匯。

2. 青島市政府根據青島市港務局青島船塢管理規則，要求行政院轉飭青島造船所交出船塢，查市政府得一空塢毫無所用，造船所如無船塢，即無法修船，勢必影響整個綏靖任務，且國防建設雖係民產，亦須徵用，何況船塢為公有產業，青市府似不應僅憑一紙簡則，請求恢復船塢管理權，本部迭次呈請國防部將船塢劃歸海軍永遠管用，未荷裁定，請轉請國府主席亟行政院院長核准。

指示：

1. 1項由海軍總部提出報告書會同預算局向行政院交涉。

2. 2項說明詳細理由專案呈請轉核。

五、聯勤總部報告：

1. 明年預算，員額問題，迄未解決，第五廳表列現有編制人數，與奉核定預算之兵員總額，相差懸殊，請速追加。（以下數字略）

2. 奉諭明年正月預備新兵棉衣等被服四十萬份，查本年度棉衣尚不足，請另發預算實物。

3. 接收美軍剩餘物資，因物資供應局不付棧租雜運等費，已不肯交付物資。
4. 台灣訓練部應請增設營務處，又該部及其所屬部隊如何供應，請召集小組會議詳為規定。
5. 兵工學校因校址無著，擬請移台灣設立。
6. 本部軍法處長，係國防部軍法處副處長兼任，擬請不兼。

指示：

1. 兵員員額增加，須先簽呈主席交行政院撥發，可再研究。
2. 台灣供應問題，可召集各單位會商研究，營務處俟開會後決定。
3. 6 項可不兼。

六、中訓團報告：

本團及附近共有營地二千九百餘市畝，最近副官學校及陸大均擬在附近新建房舍，擬請工程署召集有關單位先行計劃，再行興工，以免零亂。

指示：

由聯勤總部工程署辦理。

七、第一廳報告：

1. 上次會報，新制軍校要求調用留美軍官三十員案，已分由陸軍總部、聯勤總部如數調用。
2. 被俘軍官任用條例，正擬定中，陸軍總部如有意見，請提出。

八、第二廳報告：

情況報告（略）。

九、第四廳報告：

俘獲人馬獎金，規定由部隊造冊送補給機關具領，但核對獎金，各單位互相移會簽核，費時太多，無法辦理。

指示：

由聯勤總部核實發獎。

十、第五廳報告：

1. 本日上午參加顧問團開會，決定下週星期一下午三時在顧問團討論台灣訓練部隊編制問題，請第四、五廳、陸軍總部、聯勤總部派能負責人員參加，不再通報。
2. 孫司令提出裝備問題，魯克斯請聯勤總部儘可能先行發給。
3. 青年軍二〇五師留粵部隊一個團，請海軍代運赴台。

指示：

1. 應向顧問團說明所定之編制，須先呈主席核發。
2. 台灣訓練方針，應予說明目前任務，只著重訓練。
3. 可補一命令給海軍。

十一、新聞局報告：

政工會議，至昨日止已報到五百三十人，各方所提意見甚多，擬分類整理後提出。

指示：

報告應按 (1) 本身困難問題，(2) 本身工作問題，(3) 其他部份工作或建議等詳明分類。

十二、預算局報告：

1. 三十七年預算行政院已確定，照三十六年延伸半年，相差數目，如何核減，擬在小組會議中研究。
2. 明年一、二月份經費預發，須下星期二開會確定，本部規定明年一月份實施新制度各單位之眷屬福利，已決定有案，惟此事關連甚多，應請詳細考慮。
3. 台灣一切給與照台幣計算，困難甚多。
4. 實施新制度部隊實物補給，其標準如何？請四廳確定。

指示：

1. 預算小組會議時應提出重點。
2. 第二線兵團及台灣實施新制度部隊之眷屬福利均暫保留。

十三、兵役局報告：

1. 明年度徵兵數額，遵照國防方針及綱領所訂，並徵第三廳同意擬定數目，預定上半年一月開徵，下半年八月開徵。
2. 徵集費每名擬訂六萬元，安家費二十萬元，已造預算送預算局，希早核定，以便兌發。
3. 被服上半年預定冬服四十萬套，單服廿萬套，希聯勤總部早日準備。
4. 被服由倉庫運至各團區者，運輸署已允負責，但由團區運至各線之運費，未加規定，希予計劃發給。

指示：

被服可否令各部隊自備一部份，希研究。

十四、軍法處報告：

1. 各線區軍法執行部業務，經開會決定，由軍法處辦理，一般要求編制不夠，如經費、印信等項辦理完畢，十二月一日可出發。
2. 軍法處以積案甚多，又調去一部份人員，至九江指揮所，以致業務推行更感困難，可否臨時增加少數人員。

指示：

1. 線區軍法執行部編制遵照主席指示：在三十人以內辦理。
2. 軍法處增加十二員案已披准。

參、討論事項

一、凡公文內之數目字應列舉單位以資醒目案（總長辦公室提）

決議：

原則同意，應由副官處再研究。

二、為行政院核定五十萬人軍糧抵發代金案應如何辦理，請公決案（聯勤總部提）

決議：

照規定數發下，如糧價高漲，再呈請追加。（本案困難，可節略呈秦次長出席院會時提出報告。）

肆、指示事項

一、本部各級組織，須協調連繫，否則脫節遲緩，廳局間有關連業務，或電話洽商，或以小組會議研究，或以副稿通知，協議後如須請示或下命令者，即由主辦單位辦理。

二、明年上半年預算，各單位應將追加數擬出，由部本部召集預算審查會審查送出。

三、五廳請空軍總部速派定各單位空軍軍官。

臨時參謀會報紀錄

時　　間　三十六年十二月八日上午九時至十時三十分

地　　點　國防部會議室

出席人員　總長辦公室　錢卓倫

各廳局處　於　達　洪懋祥　彭鍾麟

吳欽烈　鄧文儀　王開化

趙志垚　吳　石　彭位仁

魏汝霖　杜心如　蔣經國

陳春霖　徐業道　錢壽恒

主　　席　次長林

紀　　錄　戴季騫

次長林指示

今天臨時召集各位會談，因上週星期六官邸會報，奉主席指示：本部業務，應切實做到「分層負責」，希望以後各級主官，對次一級均應監督指導，協助達成此目的，以提高行政效率，茲將應行注意事項，提出如左：

一、本部為計劃階層，對外應有整個方針和計劃，對內應有完善法規與處理程序、辦事細則，例如本部與聯勤總部間，關於武器補給，第四廳應先有年度補給方針、補給計劃，依據出產，或購辦情形，按軍隊種類與地方團隊等，明白訂定補給程序，執行機構，即可按照程序，執行報備，毋庸再核，至於部隊之一切裝備數字，則由聯勤總部表報。

二、分層負責，與各單位相互協調，為本部組織法主要精神，考查美軍協調方法，凡有關連業務，或以電話互相解決，或由主管人小組會議商決，辦理後，用書面會稿。

三、明年度重要業務，大致項目（仍由各單位自行考慮增加）：

甲、補給業務：

⑴武器彈藥補給計劃。

⑵通信器材補給計劃。

⑶被服裝具補給計劃。

⑷副食馬乾補給計劃。

⑸車輛補給計劃。

⑹馬匹補給計劃。（分購馬及徵馬代兵，並須設置牧場生產軍馬。）

乙、人事業務：

⑴兵員配徵方案，與兵員補充方案。（已由兵役局辦理）

⑵官佐養成員額，與配用計劃。

⑶國外留學員額，訓練計劃。

⑷官位整理。

⑸第二線兵團及中央機關學校，與指定部隊（憲兵、衛戍部隊等）其人數核實，從明年元月起，應按人事日報實施，其他作戰部隊，以點驗方法補助，部隊人員，限每週呈報一次，並應指定單位與各級負責人員（或報由陸軍總部轉報，或報國防部），

由一廳與副官處從速研究辦理，後期逐漸完成，推行至全國各部隊。

(6) 分類分階候補名簿。

(7) 被俘釋回人員與俘匪之處置。

(8) 病傷及殘廢官兵之處置。

丙、訓練業務：

(1) 陸軍訓練中心之樹立與訓練計劃。

(2) 陸軍戰地訓練之提倡。（由戰地指揮官負責規劃，務期切合作戰需要，並由第五廳指示方針，分期考核。）

(3) 新兵訓練計劃。（與兵員補充關係密切，可集中全國數大地區訓練，或即由訓練中心統辦，希再研究。）

(4) 模範師之編練。

(5) 養成軍官之員額。（與一廳會同研究。）

(6) 海軍陸戰隊之訓練。（軍官須有兩棲作戰之訓練。）

(7) 傘兵部隊之訓練與使用。

丁、研究發展：

(1) 研究組之召集。

(2) 汽車之製造。

(3) 裝甲車之製造。

(4) 化學兵器之製造。

(5) 無後坐砲之研究與製造。

(6) 夜間瞄準步槍之研究與製造。

(7) 被服、裝備、陣營、器具、運輸工具等之研究與發展。

(8)密碼機之研究製造與使用。（明年應召開訓練班，訓練使用人員，並規定第一步使用單位。）

戊、其他如文書、經理、預算、財務，凡規定明年實施新制度者，均應切實執行。

四、各單位應指定專管人員設置資料室，對各種有計劃性之業務，以圖表標示程序，列舉統計數字，俾隨時研究與檢討業務可一目瞭然。

報告事項

一、總長辦公室報告：

1. 資料室在美軍顧問團方面，甚為豐富，本部各單位資料，蒐集整理成功時，應另設置一總資料室，並分送主席官邸一份，以供參考。

2. 業務協調，主席指示，或以電話，或以小組會議研究。目前本部會稿，多以簽條往復相詢，費時費事，且會稿並非主官蓋章了事，有時應附副稿登記，此種現象，即宜改正。

指示：

1. 資料室圖表設置容易，惟應注意不斷蒐集新的資料。

2. 2 項各單位應即改正。

第六十次參謀會報紀錄

時　　間　三十六年十二月十三日下午三時至六時

地　　點　國防部會議室

出席人員：國防次長　劉士毅

參謀次長　林　蔚　方　天

總長辦公室　錢卓倫　張斆濂

軍務局　何志浩

陸軍總部　林柏森

海軍總部　周憲章

空軍總部　周至柔

聯勤總部　張秉均　趙桂森

各廳局處　於　達　林秀欒　邱希賀　洪懋祥　劉雲瀚　錢昌祚　施建生　趙志垚　戴高翔　彭位仁　鄭冰如　杜心如　賈亦斌　陳春霖　戴　佛　曹建修

戰略顧問委員會　尹作翰

中訓團　李及蘭

列席人員　徐　筌　胡　炎　唐明標　沈發藻　吳麟孫　邵季昂　陳以忠　孫國銓　汪　瀏　劉廣凱　許孝焜　宋　欽　高憲中　秦惜華　陳贊陽　劉炯光　李柏齡　魏崇良　周鳴湘　胡百錫　傅仲芳　劉慶生　黃顯灝　周彭賞　周元燕

主　　席　次長林

紀　　錄　戴季騫

會報經過

壹、檢討上次會報實施程度

一、次長林指示：

1. 本次參謀會報，擴大召集各總部辦公室主任及各署長參加，因奉主席三十六年十二月九日機密甲字第一〇七七三號手令，令本部檢討本年度剿匪業務之得失利弊與成敗各點，及其主因所在，自下星期一起，準備十日之專門研究，其詳細程序，已由辦公室書面規定，請錢主任整個宣讀，各單位如有疑問，請即提出，或對規定辦法予以補充。

2. 本日上午官邸會報，奉主席指示：本部組織，各廳局處業務為一般參謀與特業參謀，其精神，係責任制，如不能作到「分層負責」則等於僅學到外表，未學到實際，希望各廳局處以及所屬處科，以後應各就主管職掌合理的獨斷處理事務，不必事事向上呈請，對於顧問要求事項，亦應就職掌負責決定，不可凡事均須請示主席，各單位所有獨斷處理之業務，以後可於每週會報中提出報告，廳局辦公室主任，對上送公文，如不必呈核者，應詳加檢討。

二、總長辦公室報告：

按文書處理規則，凡用部稿行文，規定必須總長蓋章後，始能蓋部印，如一廳之軍文登記，退除役等業務，可由廳負責發行，惟與用印規定不符，該項程序，是否應予檢討。

陸軍總部報告：

新訂之文書手冊，規定明年元月實施，關於如何授權問題，由主官以文字規定，可否在未實施前抽出時間，召集會議，先予研究。

指示：

可在檢討會議時研究。

三、空軍總部報告：

空軍西安區油料缺乏，運油車輛，近被聯勤總部扣留，影響作戰任務至鉅，應請解決。

聯勤總部報告：

上次因運輸二〇三師時期緊迫，重慶行轅奉令將所有車輛扣留，本部深知空軍運油緊急，當令將空軍自有車輛放行，目前對西北運輸線路，僅川陝公路可予利用，刻積存待運之軍品甚多，不獨空軍補給困難，即陸軍亦同樣嚴重，故今後西北運輸補給，擬請國防部統籌計劃。

指示：

由第四廳統籌計劃。

四、第五廳報告：

上次會報，聯勤總部報告，關於員額問題，曾經次長林主持，召開小組會議，當經議定希望陸軍各部隊編制，能加調整，並節省員額十九萬人，由陸軍總部研辦，昨（十二）日與陸總部第五署開會研討編制時，聞尚未辦理，查員額與編制，原係一事，昨日研究編制時，各單位代表，多主張以暫不變動為宜，如不變更，則員額無法減少，如以三十六年編制為準，再略加修正，將全國部隊一律照此劃一，則約可節省員額十五萬餘人，但調整編制，如將員額減少，前方部隊多不願意，如勢在必行，則必須以堅確之決心，方能辦通，如何請示！

指示：

1. 三十四年與三十六年編制劃一問題，須再研究。
2. 新制軍校預定明年三月招生，已決定延長一年。
3. 顧問建議之新編制，主席允先在台灣試辦。

貳、報告事項

一、軍務局報告：

1. 外員請發勛章，除有特殊情形，得隨時報核外，擬請定期彙辦。
2. 呈請核示文件，應先與有關單位會稿以便連繫。

指示：

1. 1 項由第一廳規定分期辦理。
2. 2 項單位注意。

二、陸軍總部報告：

本部奉到調第二線兵團新七旅之公文，查該旅尚未接到新兵，本日上午軍事會報時，本席報告後，奉主席諭「該旅可緩調，應給與相當訓練」等因，擬請規定訓練時間，在此期間，勿予調動。

指示：

由三、五廳研究。

三、海軍總部報告：

1. 此次海軍奉令派遣艇隻試航運河、黃河，內列有水陸兩用汽車一項，惟本部現既無此項設備，復無使用此項汽車人員，擬請准予免試。
2. 油漆為保養艦艇必需物資，上海物資供應局接收甚多，查此項預算，已為燃料配件用盡，實無款支付，擬請准飭無償撥讓。
3. 關於美軍陸軍少將階級，往往有人稱為陸軍中將，但英國海軍少將，則照譯為少將，在外交交際場合，易滋誤會，擬請飭各單位注意。
4. 海軍明年預算伸算，請准照艦艇噸位伸算。

指示：

1. 1 項可免試。
2. 2 項簽請秦次長出席院會時向物資供應委員會交涉。
3. 4 項可照辦。

四、聯勤總部報告：

1. 財務署將來體系，本部尚未奉到，傳署長以下人事，主計處均有所更動，因此，各級人員均感不安。
2. 明年元旦犒賞，部隊學校代金，已有規定，榮傷軍人實物，庫存均發去，此次每人尚可發毛巾二條、灰線襪一雙、肥皂一條，新疆省每員發代金六萬元。
3. 規定三個月發給各部隊官兵線襪一雙，近以染料太貴，尚未加染，如以白色發下，每次可節省染費百餘億，可否請示！

指示：

1. 1 項，除預算財務單位主官人事，主計處需要管理外，其餘不變。

2. 2、3 兩項可照辦。

五、中訓團報告：

軍事訓練班已成立三隊，共報到四百廿餘人，該班駐址，奉批在常州青幹部部址，該地二〇三師尚有部隊駐紮，派員交涉，該師不肯遷讓，如尚無確定營房，則無法收容，請國防部速令二〇三師遷讓。

指示：

由預算局交涉。

六、第二廳報告：

情況報告（略）。

七、第三廳報告：

戰況報告（略）。

八、第四廳報告：

奉諭召開三十七年預算小組會議，兵工等項預算已通過，大部照所擬辦理，惟各業務署奉主席、總長指示擬訂事項，四廳無案者，規定於下週星期一以前補送計劃，再行核定。

九、第五廳報告：

1. 新制軍校已決定延緩一年招生，該校機構，已具雛形，並已羅致一部份優秀幹部，可否即以該校暫兼辦漢口區即將設置之陸軍訓練事宜，及兼辦漢口軍官訓練班之籌辦，一面繼續籌辦新制軍校，如此可使此陸軍訓練機構，早日成立，同時亦可使新制軍校繼續籌辦，一舉兩得，可否乞示！

2. 擬增設之陸軍訓練司令部，前以預算緊縮，為求充實各學校經費，故未列此項預算，現奉諭決定辦理，此項預算，應請追加。（詳細預算，另請陸軍總部編造。）

指示：

1. 1 項可徵詢新制軍校意見，關於地點與組織人選，由陸軍總部與第五廳研究。

2. 軍官訓練班三個月受訓時間，下次會報時，再報告主席申述意見。

十、預算局報告：

1. 三十七年上半年預算及外匯分配情形（略）。

2. 關於預算局、財務署、預算財務司改制問題，行政院曾召集審計部等單位，開會研究，認為預算機構，與財務機構組織在同一單位內，頗與主計法不符，應比照前軍政部會計處組織調整，俟國防部討論組織法時再修正，請主管單位起草時注意研究。

第六廳報告：

三十七年度研究費預算比例，較三十六年度仍少，困難甚多，請加檢討。

十一、測量局報告：

沖繩島剩餘物資中之印圖紙，行政院物資供應局仍須價購，不肯無償撥用。

指示：

所需紙張，簽請秦次長向行政院提出。

十二、戰略顧問委員會報告：

本會及前軍事參議院職員眷屬，留住前參議院舊址者尚多，近貴部第二廳情報班，迫令遷移，實無法遷讓，請設法解決。

指示：

由第二廳、總務處、戰略顧問委員會總務組會商解決。

參、討論事項

一、關於處理陣亡將士公墓，及埋葬等業務，究應歸何單位承辦，請明白規定，以利推行案（第一廳提）

決議：

由工程署主辦。

二、關於裝甲汽艇、裝甲列車、地雷等項製造增產、編組訓練、使用原則問題，應由主管單位分別辦理，以確保組織職掌案（第三廳提）

決議：

凡屬綜合性者，由研究組辦理，各別性者，由各主管單位辦理。

肆、指示事項（無）

民國史料 72

國防部參謀會報紀錄（1947）

General Staff Meeting Minutes, Ministry of National Defense, 1947

主　　編　陳佑慎
總 編 輯　陳新林、呂芳上
執行編輯　林弘毅
助理編輯　李承恩、詹鈞誌
封面設計　溫心忻
排　　版　溫心忻、施宜伶

出　　版　開源書局出版有限公司
香港金鐘夏慤道 18 號海富中心
1 座 26 樓 06 室
TEL：+852-35860995

民國歷史文化學社有限公司
10646 台北市大安區羅斯福路三段
37 號 7 樓之 1
TEL：+886-2-2369-6912
FAX：+886-2-2369-6990

http://www.rchcs.com.tw

初版一刷　2022 年 6 月 30 日
定　　價　新台幣 400 元
港　幣 110 元
美　元　15 元
I S B N　978-626-7157-27-5
印　　刷　長達印刷有限公司
台北市西園路二段 50 巷 4 弄 21 號
TEL：+886-2-2304-0488

版權所有・翻印必究
如有破損、缺頁或裝訂錯誤
請寄回民國歷史文化學社有限公司更換

國家圖書館出版品預行編目 (CIP) 資料
國防部參謀會報紀錄 (1947) = General staff meeting minutes, Ministry of National Defense, 1947/ 陳佑慎主編 . -- 初版 . -- 臺北市 : 民國歷史文化學社有限公司 , 2022.06

面；　公分 . -- (民國史料 ; 72)

ISBN 978-626-7157-27-5　(平裝)

1.CST: 國防部　2.CST: 軍事行政　3.CST: 會議實錄

591.22　　111009139